竹島紀事

죽도기사 2-1

竹島紀事

죽도기사 2-1

竹島紀事

죽도기사 2-1

권오엽 | 오오니시 토시테루 편역주

한국학술정보(주)

Hong-TAE.KIM.2011.

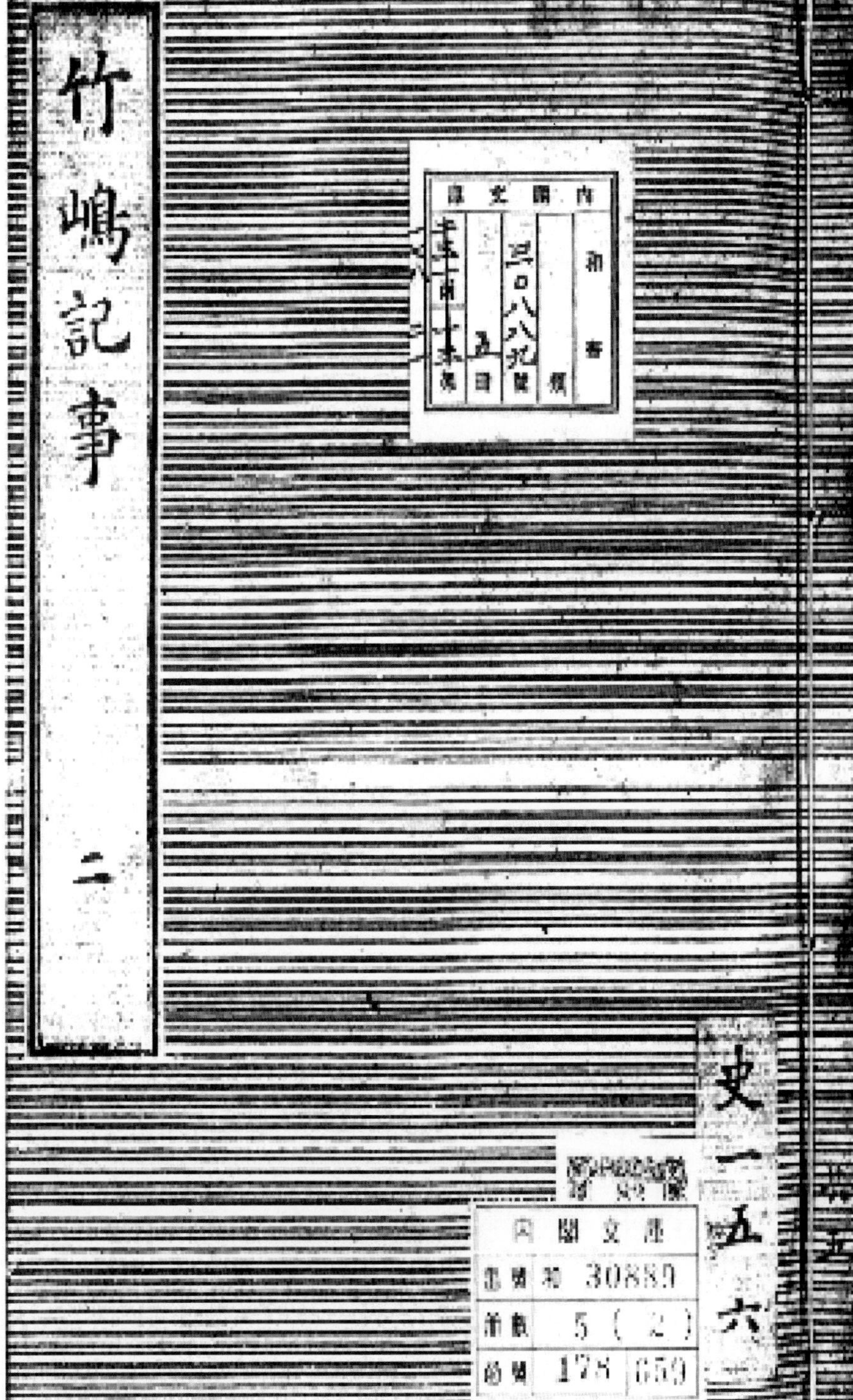

竹嶋記事

二

목차

주) 역관의 모순, 도성의 지시, 정본의 요구, 조선국풍, 반서의 도래, 망국, 개봉, 읽히다, 복통,
　　무사외교, 외교술, 접위관의 귀경, 문장력, 너와 나.

교육자의 정열

愛知韓國學園 名譽理事長　鄭煥麒

　10년 전 일본에서 한국교육원장을 하고 있던 K 선생님은 수년 전부터 한국의 다섯 번째 도시인 대전시에 있는 국립 충남대학교에서 일본어 교수를 하고 있다. 전공은 일본문학, 아니면 일본고전문학인 듯했다.

　언제나 힘이 넘치며 야성적이고 탐욕스럽기까지 한 학구열을 지닌 K 선생을 오랜만에 만났다. 그는 홋카이도(北海道), 아이치(愛知), 치바(千葉) 등의 부임처를 거치며 6년간 일본에서 지냈다. 그러면서 생기게 된 그의 일본관이라는 것이 딱히 "좋다"고 볼 수만은 없는 일면도 있었다. 그러나 학문연구를 하는 동안 그는 상대방 국가의 말을 배우고 이해하면서 그 나라의 다양한 문화와 지식을 흡수할 수 있었을 것이고, 또 서로의 우수한 가치관이나 인간성을 알 수 있는 계기가 되었을 것이다.

　그런 의미에서 오랜 전통에서 배양된 일본 문화를 접하며, 아시아의 선진국인 일본의 정치, 경제, 교육, 그물망과 같은 교통망 등 보는 것, 듣는 것을 모두 피부로 느끼던 것이 K 선생의 연구에 밑바탕이 되었을 것이다. 그야말로 '백문이 불여일견(百聞不如一見)'이다. 또 흉금을 털어놓고 이야기를 나눌 좋은 사람과 존경하는 재일동포들도 많이 생긴 것 같았다.

　그는 일본 부임 기간 중, 일본연구에 대한 하나의 증거로서 일러스트나 만화를 삽입한 독자적인 책을 출판했다. 또 귀국 후 적을 둔 대학교에서는 독자적으로 교과서를 만들어 가르치고 있었다. 그의 연구심은 도전적이기조차 하였는데, 어차피 할 거라면 스스로 좋아하도록 노력하자고 내심 결의를 하는 것으로 보였다. 재일 동포의 역사적 과정과 일본에 관한 연구를 시작하면서부터는 일본의 근대문학에 몰두하고 있는 모양이다.

그는 이미 50대 후반일 것이다. 그러나 그의 입에서 내뿜는 열변은 마치 청년 그 자체였다.

"학문은 생물(生物)입니다. 의학이나 과학이 일진월보로 발전해 가는 것처럼, 문학의 세계에서도 연구 노력이 정체되고 성장이 멈추면 그 연구자는 과거의 사람이 됩니다. 항상 자신의 연구 대상물이 살아 있는 것이며 변화하고 있다는 것을 알아야 합니다. 그것은 고고학자가 잇따라 고분을 발굴해서 종래의 학설을 바꿔 가는 것과 같습니다."

그의 말은 계속 이어진다.

"저는 다른 연구자로부터 연구에 열심이라는 말을 듣습니다만, 제 자신은 결코 그렇게 생각하지 않습니다. 다만 마라톤 주자가 뒤따라오는 주자로부터 등을 쿡쿡 찔리는 듯한, 또 연구를 하면 할수록 마치 깊은 늪에 빠지는 듯한, 그런 매력에 이끌립니다."

그는 또 이렇게 덧붙였다.

"연구를 하면서 알게 된 것들이 5년쯤 지나면 낡은 것이 된다고 생각합니다. 그래서 새로운 것에 대한 도전 의욕이 솟아납니다. 동료들 중에는 10년, 15년 전의 연구를 애지중지하고 있는 사람들도 있습니다. 그것도 그 나름대로 좋겠습니다만, 저는 그렇지 못한 성격입니다. 과거의 연구자가 되고 싶지 않은 것입니다. 생기 넘치는 현재의 연구자이길 원하고, 또 교육자의 사명인 사회정화에 항상 지도적인 역할을 해야 한다고 생각합니다.”

물론 교육자는 사회의 불합리를 지적하고 사회정의를 위해 당당하게 자기의 지론을 피력해야 할 것이다.

나의 종래의 교육자관은 대학교수가 되면 사회로부터 존경받고 경제적으로도 안정되므로, 자칫 연구심이 결여된 교육자가 많을 것이라고 인식하고 있었다. 그러나 나는 그의 얘기를 듣고 교육자에 대해 그동안 알지 못했던 미지의 세계를 들여다볼 수 있었다.

“사람은 평생을 배워야 한다”는 그의 말에 전적으로 동감했다. 나는 그에게 감사의 말을 전했다.

“당신 같은 열의를 가진 사람이 일본과 재일동포에 대한 연구를 해주어서 정말 고맙소.”

그 교수야말로 연구에 열심인 진정한 교육자라고 생각한다.

2000년 5월 5일

(정환기, 『내 고향은 대한민국』 도서출판 답게, 2000년 12월)

역사와 도래인

권오엽

우리는 일본이라 하면, 우리가 문화를 전해준 나라라며 왕인(王仁)이나 아직기(阿直岐)를 쉽게 연상한다. 민족적인 자존심의 확인이라고 생각한다. 그러나 그들은 과거의 인물로, 일본문화 창달에 도움을 주었던 역사상의 존재이다. 그가 백제의 문화를 어떻게 일본에 이입(移入)시켰는지는 잘 알 수 없으나, 그가 일본의 문자생활에 일정한 공헌을 한 것은 사실인 것 같다. 그렇다 해서 그런 활동이 당대를 같이 살아간, 어떤 이유에서든 고국을 떠나 이국에서 살아가는, 그래서 고달픈 일이 더 많았을 동포들의 생활향상에 도움이 되었다는 사실이나, 그를 성장시켜주었던 고국의 발전에 도움을 주었다는 사실까지 포함하는지는 모르겠다. 고향을 떠나 성공한 사람들 중에는 과거를 부정하고 싶어하는 사람, 현재의 안목으로 과거를 비난하려는 사람도 많다는 것을 같이 생각해야 한다.

그러나 어쨌든 왕인이나 아직기는 오랜 세월에 걸쳐, 우리들의 결여된 민족적 자긍심을 채워 주고 있다. 그들이 살았던 야마토왕조의 구성이 어떠한지를 알 수 없으나, 도래인이 주류를 이루었건, 비주류에 속했든 간에, 고국을 떠나 일본이라는 공간에서, 일본을 통치하는 천황을 절대가치로 알고 살아가며, 그 가치를 고양시키는 노력을 해야 했을 것이다. 그들이 살아가는 시대에도 '인국은 중국이오, 번국은 한국'이라고 차별하는 사상이 잠재하고 있었다. 그것은 자국을 천하의 중심으로 여기는 사상을 구축한 공간에는 어쩔 수 없이 존재하는 현상이지만, 그런 공간에서 살아가는 도래인들에게는 견디기 어려운 사회사상이었을 것이다.

나는 전라북도 정읍이라는 산천이 아름답고, 산물이 풍요한 농촌에서 태어나, 도회지 유학으로 고등학교와 대학을 마쳤다. 그다지 어려움 없이 자라 평탄한 가정도 이루었다. 그런 내가 서울에서 같이 생활하는 충청도 친구한테 '전라도 놈'이라는 말을 들었다. 내 고향 전라도가 욕으로도 사용된다는 한국사회의 인식을 경험한 것이다. 그 뒤로 여러 경우에 여러 번 들었다. 의리나 신의가 없고 배반을 잘하는 사람을 욕할 때 사용하는 용어라는데, 나로서는 부정도 반박도 하지 못하고 그저 듣고 있을 수밖에 없었다. 내 고향은 평야가 많고 산물이 풍부하여 인심이 후한 곳이다. 그런 곳에서 풍요롭게 자란 내가 어째서, 내 고향을 거론하는 것으로 모독하는 말을 들어야 하는지 분을 참기 어려웠다.

전라도 놈이라는 천칭의 백미는 일본에서 맛보았다. 북해도 아칸코라는 호수에 갔을 때, 동행한 삿뽀로 영사관 영사와 민단장이, 내 앞에서 이런 대담을 하고 있었다. "전라도 사람들은 거짓말도 잘하고 그런다는데 영사님은 경상도분이라 믿음직스럽습니다", "예, 우리 경상도 사람들은 전라도 사람과는 혼인도 안 하려 합니다"라는 대화를 기분 좋게 나누고 있었다. 나는 너무 놀라 "전라도 사람을 앞에 두고 무슨 말입니까"라고 말했더니, "선생님은 서울사람 아닙니까", "아, 권선생님의 고향이 전라도였지"라고 답하는 어색한 분위기가 되었다.

나는 고향을 떠나 여러 곳을 전전하며 생활을 하지만 본적을 바꾸지 않는다. 정부에서 본적 없애기 운동을 전개할 때도 바꾸지 않았는데, 그것에도 유래가 있다. 1986년에 처음으로 대학의 시간강사를 하게 되었는데, 교수라는 호칭을 듣는 순간 세상을 얻은 것과 같은 황홀경에 빠질 수 있었다. 그런데 수속을 도와주는 친구가 "너의 본적을 서울로 기록해라"라는 말을 했다. 이 학교는 온통 경상도판이라 곤란하다는 설명이었다. 그 뒤로 나는 본적을 고치지 않고 있다.

어떤 이유에서 전라도라는 말이 천칭이 되었는지, 그 이유야 있겠지만, 나는 인정할 수 없다. 전라도에 대칭하는 경상도 사람들이 사용하는 경우에는 경쟁의식이라도 느끼며 무시할 수도 있는데, 자기들이 백제인의 후손이라는 사실까지 부정하면서 경상도 측을 대변하듯이 내뱉는 충청도 사람들한테 들을 때는, 참으로 견디기 어렵다. 강자에 대한 희화(戲化)는 즐거운 일이 될 수도 있으나 약자의 희화는 놀림으로 커다란 범죄이다.

우리가 일본에 많은 문화를 전해준 것은 모두가 인정하는 사실 같다. 우리가 일본을 침략하거나 일본인을 죽이거나 약탈한 일도 없다는 것은 일본이 인정하는 사실이다. 또 일본이 우리나라에 쉽게 침략하여 약탈해댔다는 것도 한일 양국이 같이 인정하는 사실이다. 대표적인 것이 풍신수길과 이등박문이 그것을 대표할 뿐, 그것이 전부가 아니라는 것도 설명을 필요로 하지 않는다. 그렇다면 일본은 우리에게 감사하며 보은의 길을 모색해야 할 것이다. 그런데 일본에 혐한(嫌韓)이라는 용어, 한국을 싫어하는 자들을 상징하는 용어가 존재하고, 조선인이라는 용어가 천칭으로 사용된다 한다. 조선이라는 말이 한국에서의 전라도라는 용어처럼 사용된다는 것이다. 일본에 나쁜 일을 한 일도 해친 일도 없고, 오히려 시혜를 베풀었던 우리나라의 국명이 천칭으로 사용된다는 것이다. 이를 어떻게 설명할 것인가.

내가 일본에 산다는 것은, 그들이 혐오한다는 조선인으로, 또 한국인들이 혐오한다는 전라도 사람으로 살아가는 일이었다. 그래서 가끔 "한국사람 중에도 좋은 사람이 있네요"라는 말에, "일본사람 중에도 좋은 사람이 있네요"라고 대응하며 살았지만, 분통이 터지는 일이다.

이런 상황이기에 왕인과 아직기가 우리에게 주는 위로감은 대단하다. 과거의 영광, 조상의 학덕으로 현재의 고난을 극복할 수 있기 때문이다. 그러나 왕인과 아직기의 가치에 함몰되게 되면, 현재를 일본에서 살아가는 그들의 후손의 가치를 놓치게 된다. 나의 일본생활은 재일동포들의 생활 속에서 시작되어, 많은 가르침과 도움을 받았다. 어려운 역경 속에서 사회적 성공을 거두었으면서도 문맹으로 살아가시는 분을 보고 안타까움을 금하지 못했던 일, 본국에서 찾아온 친척들의 불만을 혈육이라는 명분으로 수용하는 것을 보고 동포애를 확인하는 일, 일본과 한국의 구분 없이 동포들 앞에서 으스대는 일 등을 보며 살았다.

발해라는 나라는 고구려인과 말갈족으로 구성된 나라인데, 고구려가 아닌 말갈족의 터전을 공간으로 해서 건국되었다. 말갈족의 공간에 고구려인이 주가 되는 왕조를 세웠다는 것은 고구려인이 우수한 결과로 볼 수도 있지만, 고구려인과 말갈족을 같이 감동시킬 수 있는 대조영이라는 인물의 개인적인 역량에 힘입은 바가 컸을 것이다. 단군이 지상에 내려와 조선이라는 나라를 건국한 것도, 인솔하고 온 3,000명 만이 아니라. 그때까지 지상에서 살고 있었던 원주민을 설득할 수 있었기 때문이다. 가야국을 건국했다는 김수로는 알로 태어났다 한다. 그 알이란 자생능력이 없는 개체로, 남의 보호를 받아야만이 부화할 수 있고, 성장할 수 있는 미숙의 상태를 말한다. 그런 알에서 태어나 성장한 그가 건국할 수 있었다는 것은, 어려운 환경이었지만,

그를 보호해주는 세력만이 아니라, 다른 생각을 하는 세력까지도 포섭할 수 있었기 때문이다. 이런 의미에서 왕인과 아직기가 이룬 업적은 크다 할 것이다.

생소한 곳에서 역경을 이기고 원하는 바를 이루었다는 점에서, 도움을 청하는 자에게 길을 안내해준다는 점에서, 흩어져 어렵게 살아가야 하는 동포들의 구심점이 되고 있다는 점에서, 끊임없는 문필활동을 통해 동포들의 현실을 확인하고 이상을 제시한다는 점에서 정환기 이사장님은 왕인이나 아직기에 필적하는 분이시다. 자세한 내용은 후일에 논문으로 정리해볼 생각이나, 이사장님의 저서를 여러 권 탐독한 결과를 바탕으로 하는 나의 인식이다. 우리는 역사에서 위인을 찾는 일에는 열심이나, 현재를 같이 살아가는 지인의 탐구와 인정에는 인색해지려 한다. 교육의 불모지인 나고야를 민족교육의 중심지로 위치시킨 업적만으로도 역사상 인물에 비견할 수 있을 것이다.

나는 일본의 고문서의 편역주 작업을 하는데, 남들은 얼마나 힘들겠느냐며 걱정하기도 하는데, 사실은 그렇지 않다. 매우 즐기면서 일하고 있다. 나의 결과물을 활용해 줄 연구자가 있을지도 모른다는 기대감과 결과물을 보시고 즐거워하시는 이사장님이 계시기 때문이다. 부족한 나를 평가해주시는 것 같아 지칠 줄 모를 정도의 활력이 솟아난다. 감사드리며 정진을 결심한다.

2011년 9월 19일
우산봉에서 동산 권오엽

教育者の情熱

愛知韓国語学園　名誉理事長　鄭煥麒

　十年前、日本で韓国教育院長を務めていたＫ先生は、数年前から韓国で五番目の都市である大田の国立忠南大学で日本語を教えている。専攻は日本文学、または日本の古典文学のようだ。

　いつも情熱的で野性的であり、貪欲すぎるほどの学究熱を持つＫ先生を久しぶりに会った。彼は北海道、愛知、千葉など赴任先を変えながら六年間日本で過ごした。そのような過程を経て形成された彼の日本観というものは、決して“よい”と一言では言い切れない一面もある。だが学問研究をするにしたがって、彼は日本の言葉を学び、理解しながら日本の多様な文化と知識を吸収していっただろうし、また両国間の優れた価値観や人間性を把握する機会を得ることも出来たのだろう。

　そのような意味で、永い伝統から培養された日本文化に接し、アジアでの先進国である日本の政治、経済、教育、また網のような交通網など、見るもの聞くものすべてを肌で感じたことがＫ先生の研究の素地となったのだろう。それこそ‘百聞は一見に如かず’である。またそのような過程の中で、胸襟を開くことがでる仲間や、尊敬できる在日同胞も多く出来たようであった。

　彼は日本での赴任期間中、日本研究の一つの証拠としてイラストや漫画を挿入した独自的な本を出版した。また帰国後籍を置いた学校では独自的に教科書をつくり教材として使用していた。彼の研究心には挑戦的とも言えるものがあったが、どうせしなければいけないことならば、自ら楽しむよう努力しようと心の中で決意しているように見えた。在日同胞の歴史的過程や日本に関する研究を始めてからは、日本の近代文学に没頭しているようであった。

　彼はすでに五十代後半である。だが彼の口から吐き出される熱弁はまるで青年そのものだ。"学問は生き物です。医学や科学が日進月歩に発展するように、文学の世界でも研究・努力が停滞し、成長が止まればその研究者は過去の人になってしまいます。いつも自分の研究対象が生き物であり、変化していることを忘れてはなりません。それは考古学者が新しい古墳を発掘し、従来の学説を変えていくのと同じです。"

　彼の話はまだ続く。

　"私は他の研究者から、研究熱心であるとよく言われますが、私自身は決してそのように思っていません。ただマラソンのランナーが後ろの人から背中を突かれるような、また研究をすればするほど、まるで深い沼に落ちるような、そんな魅力に惹かれます。"

　彼はまた次のように付け加えた。

　"いままで研究をしてきたものは、五年後には古いものになっていると思います。だから新しいことに対する挑戦意欲が沸きます。知人のなかには十年、十五年、前の研究を大事にしている人たちもいます。それはそれでいいと思いますが、私はそのような性格ではありません。過去の研究者にはなりたくないのです。生き生きした現在の研究者でありたいのです。また教育者の使命である社会浄化に、いつも指導的な役割を成さなければならないとも思っています。”

　もちろん教育者は社会の不合理を指摘し、社会正義のために堂々と自身の意見を表明しなければならない。私の従来の教育者観は、大学の教授になれば社会から尊敬され、経済的にも安定するため、研究心が欠如していく教育者が多いものだろうと認識していた。だが私は彼の話を聞いて、教育者に対して今まで知らなかった未知の世界を垣間見ることができた。

　“人は一生学ばなければならない。”という彼の言葉に全面的に同意する。私は彼に感謝の言葉を伝えた。“あなたのような熱意を持った人が日本と在日同胞について研究してくれてありがとう”と。

　彼こそが研究に熱心な真の教育者であると思う。

2000年5月5日

(鄭煥麒『私の故郷は大韓民国』図書出版、らしく、2000年12月)

歴史と渡來人

權五曄

　私たちは日本と言えば、自分たちが文化を伝えた国であるとし、王仁や阿直岐を連想することが多い。民族的なプライドの確認であろう。だが彼らは過去の人物であり、日本文化暢達を手伝った歴史的な存在である。

　彼らが百済の文化をどのように日本に移入させたか具体的には分からないが、日本の文字生活に一定の貢献をしたことは事実であろう。そうだとしてもそのことが、今現在を生きている、どのような理由であれ祖国を離れて異国で生きてきた、だからこそ大変なことや苦労が絶えなかった同胞たちの生活向上に、なんらかの助けになったということや、彼らを成長させてくれた祖国の発展に貢献したということまで、含まれるのかどうかは分からないことである。その問題は、故郷を離れ成功した人たちの中には過去を否定したがる人、現在の見識で過去を非難しようとする人たちも多いということを、一緒に考えなければならないのである。

　だが、どうであれ王仁や阿直岐が永い年月を掛けて、私たちに欠如している民族的プライドをたててくれている。彼らが生きた大和王朝の構成が具体的にどうであったのかは分からないが、渡来人が主流であったか、非主流に属していたかに係らず、祖国を離れ日本という空間で、日本を統治する天皇に絶対価値を置いて生き、その価値を高揚させるため努めなければならなかったはずだ。彼らが生きた時代でも‘隣国は中国であり、蕃国は韓国’とする差別の思想が潜在していた。それは、自国を天下の中心とする思想を構築していた空間ではかならず存在していた思想ではあるが、そのような空間で生きた渡来人たちには、耐え難い社会思想であっただろう。

　私は全羅北道井邑という山川が美しく、産物が豊富な農村で生まれ、都会地留学で高校と大学を卒業した。大きな苦労もなしに育ち、平坦な家庭も持つことができた。そのような私が、ソウルで一緒に生活する忠清道の友達に‘全羅道野郎’という言葉を聞いた。私の故郷全羅道が、悪口として使われるという韓国社会の認識を経験したのだ。その後も、いろいろな場所で何回もその悪口を耳にした。義理や信義がなく、すぐ裏切る人に対して使う言葉らしいが、私としては否定も反論も出来ず、ただ聞いているだけであった。私の故郷は平野が多く産物が豊富で、人情深いところである。そのようなところで豊かに育った私が、何故故郷を取り上げられることで侮辱されなければならないのか、怒りを抑えることが出来なかった。

　‘全羅道野郎’という賤称は日本でも味わった。北海道の阿寒湖に行ったとき、同行していた札幌領事館領事と民団長が、私の前で次のような会話をしていた。‘全羅道の人たちは嘘つきばかりだとよく聞きますが、領事は慶尚道出身ですから、ほんとに頼もしいです。’‘はい。私たち慶尚道の人たちは、全羅道の人たちとは婚姻もしません。’と気持ちよく対談していたのだ。私はあまりにも驚いて“全羅道出身の人を目の前にして、よくそんなことが言えますね。”と言ったら、“先生はソウル出身じゃなかったんですか。”“ああ、権先生の故郷は全羅道でしたね。”と答え、大変気まずい空気が流れました。

　私は故郷を離れいろんな場所を転々としながら生活をするが本籍を
変えたことはない。政府で本籍をなくす運動を展開していた時も変え
なかったのだが、このようなエピソードにも由来がある。1986年に初
めて大学の非常勤をすることになったのだが、人々に教授という呼称
で呼ばれた瞬間、この世を得たような気持ちになった。だが手続きを
手伝ってくれていた友達が、"お前の本籍はソウルと記録しろ。"と話
た。この学校はみんな慶尚道の人たちばかりだから、そのほうがいい
という説明だった。その後私は本籍を変えたことがない。

　どのような理由から全羅道という言葉が賤称で使われるように
なったのか、理由はあるだろうが。私は認めることが出来ない。全
羅道に対照する慶尚道の人たちが使う場合は、競争意識を感じて無
視することも出来るが、自分たちが百済人の末裔であることまでも
を否定して、慶尚道側を代弁するように言葉を吐き捨てる忠清道の
人たちに言われることは、本当に耐えがたいものである。強者に対
する戯化は面白いものかもしれないが、弱者に対する戯化は冷やか
しであり、大きな犯罪である。

　私たちが日本に多くの文化を伝えたことは、だれもが認める事実
のようだ。私たちが日本を侵略し、日本人を殺し、略奪したことが
一度もないことも日本が認める事実である。また日本が韓国に侵略
し、略奪したということも韓・日両国が認める事実である。代表的
なのが豊臣秀吉と伊藤博文であるが、それが全てではないことは、
説明がなくても了解されることである。だとしたら日本は私たちに
感謝し、報恩の道を模索しなければならない。だが日本に嫌韓とい
う用語、韓国を嫌う人たちを象徴する用語が存在し、朝鮮人という

用語が賤称で使われるという。朝鮮という言葉が韓国での全羅道という用語のように使われているということである。日本に悪さをしたこともなく、かえって恩恵を授与したわれらの国名が賤称として使われているということだ。これをどのように解明すればいいのだろうか。

　私が日本で生きるということは、彼らが嫌悪する朝鮮人として、また韓国人たちが嫌悪する全羅道人として生きるということであった。なのでたまに"韓国人の中にもいい人がいるんですね。"という言葉に対して"日本人の中にもいい人がいるんですね。"と対応して生きてきたが、ほんとに憤りを感じることである。

　このような状況であるから、王仁や阿直岐が我々に与える慰労感は大きい。過去の栄光、先祖の学徳で現在の苦難を克服することが出来るからだ。だが王仁と阿直岐の価値に陥没することになれば、現在を日本で生きる彼らの末裔の価値を手放しかねない。私の日本生活は在日同胞たちの生活の中で始まり、多くの教えと助けを受けた。数々の逆境の中で社会的成功を成したが、文盲として生きるしかなかった方を見て本当に心が痛んだことや、本国から訪ねてきた親戚たちの不満を、血縁関係にあるという名分で全て受け入れるのを見て、同胞愛を確認したこと、日本と韓国の区別なしに在日韓国人の前で威張る人々を見ながら、私は日本で暮らした。

　渤海という国は高句麗人と靺鞨人で構成された国であるが、高句麗ではなく靺鞨人の根拠地を空間として建国された。靺鞨人の空間に高句麗人が中心になって王朝を建てたということは、高句麗人が優秀であったと結論付けることも出来るが、高句麗人と靺鞨人を一緒に感動させることが出来た大祚栄という人物の個人的な力量によるところが大きかったのだろう。壇君が地上に降りて朝鮮という国を建国出来たことも、引率してきた三千徒だけではなく、それまでに地上で暮らしていた原住民を説得することが出来たからである。

　加耶国を建国したと金首露は卵から生まれたという。その卵とは自生能力のないもので、他人の保護を受けなければ孵化することも、成長することも出来ない未熟な状態を表す。そのような卵から生まれ成長した彼が国を建国することが出来たということは、困難な環境ではあったが、彼を保護してくれる勢力だけではなく、そうでない勢力までも包摂することが出来たからである。このような意味で王仁と阿直岐が成した業績は大きいと言える。

　馴染みが無い地で逆境に勝ち何かを成し遂げたという点で、助けを求める者に手を差し伸べたという点で、散らばって苦労の中で生きている同胞の求心になっているという点で、絶え間ない文筆活動を通じて同胞たちの現実を確認し、理想を提示するという点で、鄭煥麒理事長は王仁や阿直岐に匹敵する方である。

　精しい内容は後に論文として整理するつもりであるが、理事長の著書を何冊も耽読した結果による私の認識である。私たちは歴史の中から慰安を求めることには一生懸命だが、現在を共に生きる知人の探求を認めることにはもの惜しみをする。教育の不毛地であった名古屋を民族教育の中心地として位置づけた業績だけを取っても、歴史上の人物と肩を並べることができるであろう。

　私は日本の古文書の編訳注作業をしている。知人たちは本当に大変だろうと心配しるが、事実そうではない。たいへん楽しみながら

作業をしている。私の結果物を活用してくれる研究者がいるかもし
れないという期待と、結果物を見ながら嬉しがられる鄭煥麒理事長
もいらっしゃるからである。いつも物足りない私を評価してくださ
るおかげて、疲れることが無いくらい元気が湧き出る。感謝の気持
ちで精進を決意する。

2011年9月19日
于山峰にて東山権五曄

○甲戌元祿七年八月

設約亥年

竹嶋紀事 二

【大綱二二段(元祿七年八月②)】

(22-00)

○ 甲戌元禄七年八月廿五日与左衛門一行封進宴席設行在之去年与
左衛門請取帰候返簡差返之

第二部(竹嶋紀事二)

【大綱二二段(元祿七年八月②)】

(22-00)

○ 元緑七年(一六九四)甲戌の年、八月二十五日、与左衛門一行に
封進宴席が設け行われた。ここで去年、与左衛門が請け取り
[さらに御国へ]持ち帰った返翰が[あちらに]差し返された。

제2부(죽도기사2)

【대강 22단(겐로쿠 7년 8월 ②)】

(22-00)

○ 겐로쿠7(1694)년 갑술년 8월 25일에 요자에몬 일행에게 봉진연
석이 이루어졌다. 이곳에서 거년에 요자에몬이 청취하여 [쓰시
마로] 가지고 돌아갔던 반한을 [저쪽에] 돌려주었다.

(22-01)

〃是より前八月十六日朴同知朴僉知入館都船主方江罷出両訳申候ハ
封進宴席之儀十八日十九日廿一日廿三日之内可被相調之旨接慰
官ニ申達候処頃日都江致注進置候返事到来無之内ニ相調候儀難成
被存候四五日御待被下候ハ其内返答参ニ而可有御座候間様体疾与
承届其上ニ而封進宴席相調候様

(22-01)

〃これより前、八月十六日の事である。朴同知と朴僉知とが和館
に入館してきた。この両訳官が都船主方へ罷り出て、次のよう
に話し始めた。封進宴席については、八月十八日、十九日、二
十一日、二十三日の、そのどこかで[日取りを]調え、行っては如
何でしょうと、接慰官に伝えました。すると、最近、都へ注進
を致した。その返事の到来が無い内に[封進宴席の儀を]執り行う
ことは出来ない。そのように申しておりました。だから今暫
く、四、五日の間、御待ち下さい。その内に[都から]返事が参る
ことでございましょう。その返事が来れば、直ぐに[こちらから]
連絡を差し上げます。その上で、封進宴席の日取りを調えるこ
とに

(22-01)

〃이보다 이전, 8월 16일의 일이다. 박동지와 박첨지가 화관에 입
관했다. 이 양 역관이 도선주쪽에 나가 다음과 같이 이야기했다.
봉진연석에 대해 8월 18일, 19일, 21일, 22일 중의, 그 안에서 [일

정]을 조정하여, 거행하면 어떨까요라고, 접위관에게 전했습니다. 그러자 최근에 도성에 주진했다. 그 답이 도래하기 전에는 [봉진연석의 의례를] 집행할 수 없다. 그렇게 말씀하고 계셨습니다. 그러므로 잠시 4, 5일간 기다려 주세요. 그 안에 [도성에서] 답이 오게 되겠지요. 그 답이 오면 바로 [이쪽에서] 연락하겠습니다. 그런 후에 봉진연석의 날짜를 조절하는 것으로

一の仕方は只有二官人に被申候へ共被申候
やに付何番地遠き村々彼被仰付被成候
相達なる村と高座相隣村と茱隣候如
何様に忠へ相なり当様にて別候等
可存尚以可被候処候由に候
可被仍内寸相隣に候
ツ変郎等被仰付候迄又被成候以

可仕候此旨正官人江被仰達被下候様ニ与申ニ付何茂致返答候者頃日申
聞候趣ニ者相違存候封進宴席相済封進物等請取何茂之御心入之通為申
登候ハ、別条有之間敷候間弥接慰官江申達御書付之日限之内被相済候
様ニ可申達候申聞置候処唯今又都より注進之返答無之内ハ

致しましょう。この旨を正官殿へ、お伝え下さいと、このように申
してきた。[この都船主方に居合わせていた]いずれもが[彼ら両訳官
に]返答したことは、常日頃[その方たち両訳官が]申して来た趣旨
と、これは相違があるではないか。封進宴席を[早く]済ませ、封進物
等を受け取れば、皆様の御考えにある事を、その通りに[都へ]報告を
致しますと、そのことに格別の支障はございませんと[そのように
常々言って来たではないか。その日付を]いよいよ接慰官へ申し上げ
る[段になる]と、御書付の日限の通りには[できかねると言う。やは
りこの際、十八日、十九日、二十一日、あるいは二十三日]の内に相
済せてしまえばどうか。そのように[両訳官にまた]聞いてみた。する
と[彼らの]答えた処によれば、唯今のところ、まだ都から注進に対す
る返答がございません。そのような段階では

합시다. 이 뜻을 정관님에게 전해주세요라고, 이렇게 말했습니다. [이
도선주 측에 같이 참석하고 있던] 누군가가 [그들 역관에게] 반답한
것은, 평소에 [그 분들 양 역관이] 말해온 것과, 이것은 다르지 않은
가. 봉진연석을 [빨리] 마쳐, 봉진물 등을 수취하면, 여러분이 생각하
는 것을, 그대로 [도성에] 보고하겠습니다라고, 그 일에 각별한 지장
이 없습니다 라고 [그렇게 항상 말해오지 않았던가. 그 날짜를] 막상

접위관에게 말씀 드리려는 단계가 되]자, 서부의 날짜 대로는 [하기 어렵다라고 말한다. 역시 이번 18일, 19일, 혹은 23일] 중에서 정하면 어떨까. 그와 같이 [양 역관에게 다시] 물어 보았다. 그러자 [그들이] 답한 것에 의하면, 현재로서는, 아직 도성에서 봉진에 대한 답이 없습니다. 그러한 단계에서는

難成与之儀合点不参候尤五六日相延候儀不苦事ニ而候得共何茂存候様
一昨夜飛船到来竹嶋之一件去年より之事ニ候得共東武江之御返事不被
仰上其内御尋有之候者御返事被仰上様無之事ニ候唯今迄延々ニ仕候儀
者如何様之事ニ候哉与油断之様対馬守殿より被申越何茂難儀成事ニ候

[宴席を設け行うことは]出来ないのです。そのような答弁であった。
合点の行かないことではあるが、そうは言うものの、五、六日程度
の繰り延べであれば[しかたがない。ことさら]まずいというわけでは
ない。だが[両訳官に伝えておくが、その方たち]いずれの者も承知し
ている通り、一昨夜[対州から]飛船が到来した。竹嶋の一件について
[の催促である。その内容を言えば]去年から[懸案に成っている]事で
あり、まだ東武へ御返事を差し上げていない。その内には[この件に
関し、東武から直々の]御尋ねが有るであろう。だが[今もって、こち
らから]御返事を差し上げるまでの成果は上がっていない。唯今まで
延々になっている理由は、どのような事からであるのか。それは[外
交交渉の]油断(怠慢)からでは無いのかと、このような対馬守殿から
の御叱りもあった。その[催促にしても御叱りにしても]いずれもが難
儀な事である。

[연석을 거행하는 일은] 할 수 없는 것입니다. 그와 같은 답변이었다.
이해가 가지 않는 일이었으나, 그렇게 말을 한다만, 5, 6일 정도 연기
되는 일이라면 [어쩔 수 없다. 특별히] 나쁠 것도 없다. 그러나 [양 역
관에게 전해 두겠는데, 당신들] 누구나 알고 있는 대로, 그저께 [타이
슈우에서] 비선이 도래했다. 죽도일건에 대한 [최촉이다. 그 내용을

말하자면] 작년부터 [현안이 되어 있는] 일로, 아직 동무에 보고를 하지 않고 있다. 머지않아 [이 건에 관해서 동무에서 직접] 묻는 일이 있을 것이다. 그러나 [현재로서는 우리 측이] 답을 올릴 정도의 성과를 올리지 못하고 있다. 바로 지금까지 질질 끌고 있는 이유는 어떤 일때문인가. 그것은 [외교교섭의] 유단(태만) 때문이 아닌가라고, 그와 같은 쓰시마노카미님의 질책도 있었다. 그 [최촉만이 아니라 질책도] 모두가 어려운 일이다.

封進宴席迄相調返翰参候を相待罷在候唯今迄相延候儀者接慰官下着
遲ク候付及延引候与之儀申遣ス為に接待差急事ニ候願者右之日取之内
日限相定り候様ニ可申達候由申聞候処東莱ニ^江罷越可申達由申候而罷帰候

封進宴席まで[あと少しという段階にまで交渉を]調え[今や]返翰が下
るかというところで[ひたすら]侍っている段階である。唯今まで、こ
のように延引となった[理由は他でもない。交渉相手となった]接慰官
の[都からの]下行と[東莱府への]着任が遅かったからである^(註1)。そ
の延引に及んだ事を[ことさら]申し伝えるための[遣り取りがあり、
その応答による延引までもあった。これだけ遅延すれば、もう封進
宴席の]接待を差し急ぐべき時である。ただ願うところは、右に示し
た日取りの内に、その日限を定め[封進宴席の接待を]行うよう[その
方たちから接慰官へ、再度]申し伝えて貰いたい。そのように彼らに
伝えた処[早速]東莱府へ罷り越し、その旨を申し伝えるとのことで
帰っていった。

봉진연석까지 [앞으로 얼마 남지 않았다는 단계까지 교섭을] 정리하
여 [이제야] 반한이 내려온다기에 [오직] 기다리고 있는 단계이다. 지
금까지 이처럼 연기된 [이유는 다른 것이 아니다. 교섭상대가 된] 접
위관이 [도성에서] 하행하는 것과 [동래부에] 착임하는 것이 늦어졌
기 때문이다. 그렇게 늦어진 것을 [새삼스럽게] 전달하기 위해 [연락
을 주고 받는 일이 있었고, 그 응답에 따른] 지연도 있었다. 이 정도로
지연되면, 이미 봉진연석의] 접대를 서둘러야 할 때이다. 그저 원하는
것은 위에서 말한 기한 내에, 그 날짜를 정하여 [봉진연의 접대를] 행

할 것을 [그쪽 분들이 접위관에게 다시] 전해주었으면 한다. 그와 같이 그들에게 전하였더니 [서둘러] 동래부로 가서, 그 뜻을 전하겠다면서 돌아갔다.

(22-02)

〃八月十九日朴同知朴僉知入館都船主方〓罷出申聞候ハ昨夜都より
注進之返答到来いたし申来候者壱嶋二名〓被思召候与之儀御書簡
之内〓者無之候共使者口上愷〓被申聞候ハ、今度之書簡并去年之
返翰請取口上之趣委細致書載其旨致注進候者返簡可差下之由申
来事之外六ヶ敷様体〓而御座候〓付両人致返答候ハ

(22-02)

〃八月十九日、朴同知と朴僉知とが入館し、都船主方へ罷り出て
申したことは、昨夜、都から、注進に対する返答が到来したと
いう。[その内容について、彼等が語ったところによれば、当該
の島は]一島でありながら二つの名が有る。その理解が[今回の対
馬からの]御書簡の内には無い。しかし御使者の口上では確か
に、そのことを申された。それゆえ今度の[対馬からの]御書簡な
らびに去年[お渡しした]返翰を[朝鮮の側が]受け取る際、その使
者口上の趣旨を[その口上書の中に]委細にお書き載せ頂きたい。
そうすれば其の旨を[接慰官が都へ]注進することになり[それに
応じた]返翰を[朝廷は]差し下すとの事でございました。そのよ
うな事を[両訳官が此方に]伝えて来た。ことのほか難しい[朝廷
内での御議論の]様子でございましたと、この両人が[附言し]返
答してきた。

(22-02)

〃8월 19일에 박동지와 박첨지가 입관하여, 도선주 측에 나가 말한

것은, 어젯밤에 도성에서 주진에 대한 반답이 왔다 한다. [그 내용에 대해서는 그들이 이야기하는 것에 의하면, 당해의 섬은] 하나의 섬이면서 두 개의 이름이 있다. 그 이해가 [이번에 쓰시마에서 보내온] 서간 안에는 없다. 그러나 사자의 구상으로는 분명히, 그것을 말씀하셨다. 그래서 이번에 [쓰시마에서 보내온] 서간 및 작년에 [건넨] 반한을 [조선 측이] 수취할 때, 그 사자가 말한 구상의 취지를 [그 구상서 안에] 자세히 써서 기록하여 주었으면 한다. 그렇게 하면 그 뜻을 [접위관이 도성에] 주진하여 [그것에 맞는] 반한을 [조정이] 내려보낸다는 것입니다. 그와 같은 것을 [양 역관이 이쪽에] 전해왔다. 의외로 어려운 [조정 안의 의론이 있었던] 것 같았습니다 라고, 이 두 사람이 [부언하여] 답해 왔다.

此中内両判事何角与申聞候へ共注進之返事ハ右之通ニ而可有御座与申
候儀少も不違此方了簡之通ニ候朝廷方右之心入ニ而候へハ定而欝陵嶋
を書簡ニ被書込候意趣を被致書載ニ而可有之候此上者何角申談ニ不及
事ニ候今度使者之旨意其通ニ候へハ一段之事候間明日ニも接待有之ハ
壱嶋二名ニ候与之儀正官使可被申達候間

この[都からの返事、その]中味、その内容を、この両判事に[さらに
詳しく、いったい]どのようなものであったかと問い合わせた。だが
注進の返事は右の通りでございます。[今、話したことに]少しの相違
もございません。こちら様のお考え通りになっておりますと[ただ、
それだけのことを答えるだけであった。]あちらの朝廷方が、右のよ
うなお考えであるからには、きっと欝陵島のことを書簡内に書き込
んだ理由について[今回]書き載せて有るに違いない。[そうであるな
ら]これ以上、何かと申し出るような話は不要である。今度の使者の
目的は[欝陵嶋について記載の抹消か]この通り[わざわざ欝陵島を記
載したことについて、その理由の説明]であった。だから[このような
返事の首尾に至ったことは、此方にとって]一段と好ましい事であ
る。明日にも接待と会談が有れば、そこで[この当該の島は]一島にし
て二名であると、こちらの正官使から[そちらの接慰官へ確かに]申し
伝える。それゆえ、

이 [도성의 답, 그] 성향, 그 내용을, 이 양 판사에게 [더 자세하게, 도대
체] 어떤 것이었는가라고 물었다. 그러나 주진의 답은 위와 같습니다.
[지금 이야기한 것과] 조금도 다른 것이 없습니다. 이쪽 분의 생각대로

되었습니다 라고, [그저 그 정도만을 대답할 뿐이었다.] 저쪽 조정 측이, 위와 같은 생각이라면, 틀림 없이 울릉도의 일을 서간 안에 기입한 이유에 대해서 [이번에] 기재한 것이 틀림없다. [그러하다면] 이 이상, 무엇을 요구하는 것과 같은 말은 필요 없다. 이번 사자의 목적은 [울릉도에 대한 기재의 말소이거나] 이처럼 [일부러 울릉도를 기재한 것에 대해서, 그 이유를 설명하는 것]이었다. 그러므로 [이와 같은 답장의 상황에 이른 것은, 이쪽으로는] 한 결 좋은 일이다. 내일이라도 접대와 회담이 있으면, 그곳에서 [당해의 섬은] 1도이면서 2명이라고, 이쪽의 정관이 [그쪽의] 접위관에게 분명히] 말하겠다. 그러하니,

其旨注進有之候様ニ可仕候返簡下り候迄者出会候而も無益ニ候間夫迄
者入館無用ニ候与申達候へハ又申候ハ左様被仰候而者可仕様も無御座
候乍然御相談申儀者唯今ニ而御座候封進宴席被相調一嶋二名之儀御心
能接慰官江御挨拶被成候者御書簡并去年此方より之返簡

その旨を[朝廷方に]注進して貰いたい。[その後]返翰が下って来る迄
は[もう両訳官と]出会っても無益のことである。それ迄は[両訳官が]
入館することは[もはや]無用である。[そのように彼らに]申し渡し
た。すると又[彼らから]返答があった。そのようにお話しになっては
[取り次ぎを行う訳官としては]仕事の仕甲斐も御座いません。しかし
ながら御相談をすることは、唯この今の時点が重要でございます。
封進宴席を相調え、一島にして二名であるとのことを、御心よく接
慰官へ御話しに

그 뜻을 [조정 측에] 주진해 주었으면 한다. [그런 후] 반한이 내려올
때까지는 [다시 양 역관과] 만날 필요가 없다. 그때까지는 [양 역관이]
입관하는 일은 [더 이상] 필요 없다. [그처럼 그들에게] 이야기했다.
그러자 또 [그들이] 대답했다. 그처럼 말씀하시면 [주선을 일삼는 역
관으로서는] 일을 하는 보람이 없습니다. 그러나 상담하는 일은, 바로
지금의 시점이 중요합니다. 봉진연석을 조절하여, 1도이면서 2명이라
는 것을, 기분 좋게 접위관에게 말씀하여 주세요. [그런 후에 이번에
쓰시마에서 보낸] 서간 및 작년에 조선에서 받은 반한을

壱度ニ請取封進物御書簡同前ニ都江為差登具ニ御相談之通被致注進候ハ
ゝ定而御返簡之写可被差下候之間写し御覧被成御了簡も御座候ハゝ直
シ申様ニ可仕候相談之大事爰ニ而御座候間疾与御思案可被成候返簡認
様之儀願者思召寄之通下書被成被下候ハゝ難成儀者

成って下さい。[その上で今回の対馬からの]御書簡、ならびに去年の
朝鮮からの御返翰を
[差し出されたならば、接慰官はこれを]一度にお請け取りに成られる
ことでしょう。すると封進物を御書簡[ともども]同様にして[直ぐ]都
へ差し登らせ、具に御相談の通り[朝廷へ]注進なさることでございま
しょう。そうなれば、きっと御返翰の[下書き、その]写しを[朝廷は
直ぐ]差し下されることでございましょう。するとその写しを御覧に
成られ[御使者としての正官殿の]御考えもおありでしょうから[お気
づきの点を]御直しするように[接慰官に]申し上げては如何でしょ
う。相談の大事というのは、ここの処でございます。しっかりと御
思案なさって御相談下さい。[朝廷から差し下される]返翰の、そのし
たため様のことは、ただ願うところ、お考えの通りに下書きが成さ
れればよいと思います。そうではありますが[私どもの]力が及ばず
[そのように]成り難いこともございます。

주세요. [그런 후에 이번에 쓰시마에서 보낸] 서간 및 작년에 조선에
서 보낸 반한을 [제출하시면, 접위관은 이것을] 한 번에 받으시는 일
이 될 것입니다. 그러면 봉진물을 서간[들과] 같이 [곧바로] 도성에
올려보내, 자세히 상담한대로 [조정에] 주진하실 것입니다. 그렇게 되

면, 틀림없이 반한의 [초안, 그것의] 사본을 [조정은 즉시] 내려보낼
것입니다. 그러면 그 사본을 보시고 [사자로서의 정관의] 생각도 있을
것이므로 [마음에 걸리는 점을] 수정하도록 [접위관에게] 요구하면
어떨까요. 상담에서 중요한 것은, 이러한 점입니다. 잘 생각하셨다가
상담하여 주세요. [조정에서 내려오는] 반한의, 그 기록하는 내용의
일은, 그저 원하는 것이, 생각하는 대로 초안이 만들어지면 된다고 생
각합니다. 그렇기는 합니다만 [우리들의] 힘이 미치지 않아 [그렇게]
되기 어려운 일도 있습니다.

不及力候御心入を承接慰官^江申達疾与合点被仕候様ニ可致候大事之儀ニ
候間一両日者遅り候而も不苦候間各幾重ニも御相談被成正官人ニ被仰
達若御心入も御座候ハ、被仰聞候へ今晩者罷帰候間御相談御極被成
候者呼ニ可被遣候其節可致入館旨申候而罷帰候

[その場合、正官殿の]御心入れを承り、それを接慰官へ申し伝えま
す。そして、しっかりと御合点になられるように致したいと存じま
す。これは大事なことで御座います。それゆえ、一両日は遅れても構
いませんので[裁判や都船主、その他]各々方が幾重にも御相談に成ら
れ[その相談の結果を]正官殿へお伝え下さい。[それは、また正官殿か
ら接慰官へ、申し伝えられるべきものでございます。]もしも[このよ
うな事で、なお]御心入れが御座いましたならば[何なりと私どもに]お
聞かせ下さい。今晩は罷り帰りますので、御相談をなさり、御決めに
成られたならば[また私どもを]呼びに人を遣わして下さい。その節は
[また再び]入館を致しますと、そのように申して帰って行った。

[그럴 경우, 정관님의] 뜻을 받들어, 그것을 접위관에게 전하겠습니
다. 그리고 분명히 이해하실 수 있도록 하고 싶다고 생각합니다. 이것
은 중요한 일입니다. 그렇기 때문에 하루 이틀은 늦어져도 상관없으
므로 [재판이나 도선주, 그 외의] 여러분들이 몇 번이고 상담하시고
[그 상담의 결과를] 정관님에게 전해주세요. [그것은 또 정관이 접위
관에게 전해야 할 것입니다.] 만일 [이러한 일로, 또] 생각하시는 일이
있으면 [무엇이든지 우리들에게] 말하여 주세요. 오늘 밤에는 돌아가
므로, 상담하셔서, 결정하시면 [또 우리들을] 부르러 사람을 보내주세
요. 그때는 [또 다시] 입관하겠습니다라고, 그렇게 말하고 돌아갔다.

(22-03)

〃同月廿一日朴同知朴僉知入館裁判方〔江〕罷出候〔二〕付都船主を以正官
より一咋日之返答申遣候者一咋日被申聞候趣具〔二〕聞届候今度都よ
り之御返簡之趣如何御認可然与之儀存寄可有之様無之候兼而皆
共〔二〕申聞候様〔二〕欝陵嶋之文字被除日本之竹嶋〔江〕不参候様〔二〕与被仰越
被得其意候与斗書載有之候へハ先年も竹嶋より朝鮮〔江〕

(22-03)

〃八月二十一日、朴同知と朴僉知とが入館し、裁判方へ罷り出
た。都船主を以て[彼らに]正官からの一咋日の返答を申し遣し
た。[それは以下の通りである。すなわち]一咋日申し聞かされ
た趣旨は、具に聞き届けた。だが今度、都からの御返翰の趣旨
は、どのようにしたためてあるのか[こちらが]理解に及ぶよう
なものは何も無い。かねてから皆共に申し聞かせているよう
に、欝陵嶋の文字を[御返翰から]除去するように、そして日本
の竹嶋へは参らぬ様にと、そのように申し伝えている。そのこ
とに同意をして頂くようにと、そればかりを[今回は申し入れ
た。そのように此方からの書簡には]書き載せてある。先年も竹
嶋から朝鮮へ

(22-03)

〃8월 21일에 박동지와 박첨지가 입관하여 재판 쪽에 나갔다. 도선
주를 시켜 [그들에게] 정관이 그저께 답한 것을 말하여 전했다.
[그것은 이하와 같다. 즉] 그저께 들은 취지는, 자세히 들었다. 그

러나 이번에 도성에서 온 반한의 취지는, 어떻게 기록되어 있는가, [이쪽이] 이해할 수 있는 것은 아무것도 없다. 이전부터 여러분에게 말하고 있었던 것처럼, 울릉도라는 문자를 [반한에서] 제거할 것을, 그리고 일본의 죽도에는 가지 않도록 하라고, 그렇게 전하고 있다. 그것에 동의해달라고, 그것만을 [이번에 요구했다. 그렇게 이쪽의 서간에는] 기록되어 있다. 작년에도 죽도에서 조선으로

漂流之日本人朝鮮より被差返候通日本ニ竹嶋与言嶋も又欝陵嶋之名目
も朝鮮ニ有之候此旨能々接慰官御合点候而御注進有之候様ニ可申達候
此外之儀ニ候ハ丶此方より之存寄曾而無之候茶礼之節接慰官江申達候
通今度之儀者下ニ而相談与申儀曾而不及事候

漂流した日本人があり、朝鮮から差し返されるということがあった^(註2)。
その通りに、日本には竹嶋と言う島があり、又、欝陵嶋という島の
名目も朝鮮には有る。この趣旨を充分に接慰官殿が御理解下さり、
それを[都へ]御注進下さるよう、申し伝えて欲しい。これ以外の事
で、こちらから望むようなものは何も無い。茶礼の節に接慰官殿へ
申し伝えた通り、今度の事は、下々にて相談して処理できるような
ものではない。

표류한 일본인이 있어, 조선에서 돌려보냈다고 하는 일이 있었다. 그
처럼 일본에는 죽도라고 하는 섬이 있고, 또 울릉도라고 하는 섬의
명목도 조선에는 있다. 그 취지를 충분히 접위관님이 이해하시고, 그
것을 [도성에] 주진하실 것을 전하여 주기 바란다. 이 이외의 일로, 이
쪽에서 원하는 것은 아무것도 없다. 차례를 거행할 때에 접위관님에
게는 말씀드린 대로, 이번의 일은, 아랫사람들이 상담하여 처리할 수
있는 것이 아니다.

返簡之写被差下為見被申候ハ、是者格別之事ニ候間存寄も有之候ハ、
幾重ニも可申談候接待之節一嶋二名之儀挨拶候而可然存候者可申談候
弥明後廿三日封進宴席可相調候間其旨接慰官へ申達候様ニ申遣ス

[朝廷から下る予定の]返翰の写しを[先ずは、こちらに]差し下し[あら
かじめ]見せて頂きたい。[そのような相談に預かる]ということは、
これは格別の事であろうが[こちらには色々と]思う所も有り、幾重に
も相談を致したいと考えている。[封進宴席で]接待の節には、この一
島にして二名のことについて[触れ、その上で]挨拶を致したい。その
場で[色々と]御相談を申し上げたい。そのように思っていると[正官
は]語っている。こうした返答を行い、いよいよ明後日の二十三日、
封進宴席が調えられることになった。その旨を接慰官へ申し伝える
よう[両訳官に]申し渡した。

[조정에서 내려올 예정의] 반한의 사본을 [먼저 이쪽에] 내려주어 [미
리] 보여주었으면 한다. [그러한 상담을 한다]고 하는 것은, 이것은 각
별한 일이겠지만 [이쪽에는 여러 가지로] 생각하는 것도 있어, 몇 번
이고 상담하고 싶다고 생각하고 있다. [봉진연석에서] 접대할 때에는,
이 1도이면서 2명으로 되어 있는 일에 대해서 [언급하고, 그런 후에]
인사를 하고 싶다. 그 장소에서 [여러 가지를] 상담을 하고 싶다. 그렇
게 생각하고 있다고 [정관은] 말하고 있다. 이러한 반답을 하여, 드디
어 모레 22일에 봉진연석이 열리게 되었다. 이 뜻을 접위관에게 전할
것을 [양 역관에게] 말로 전했다.

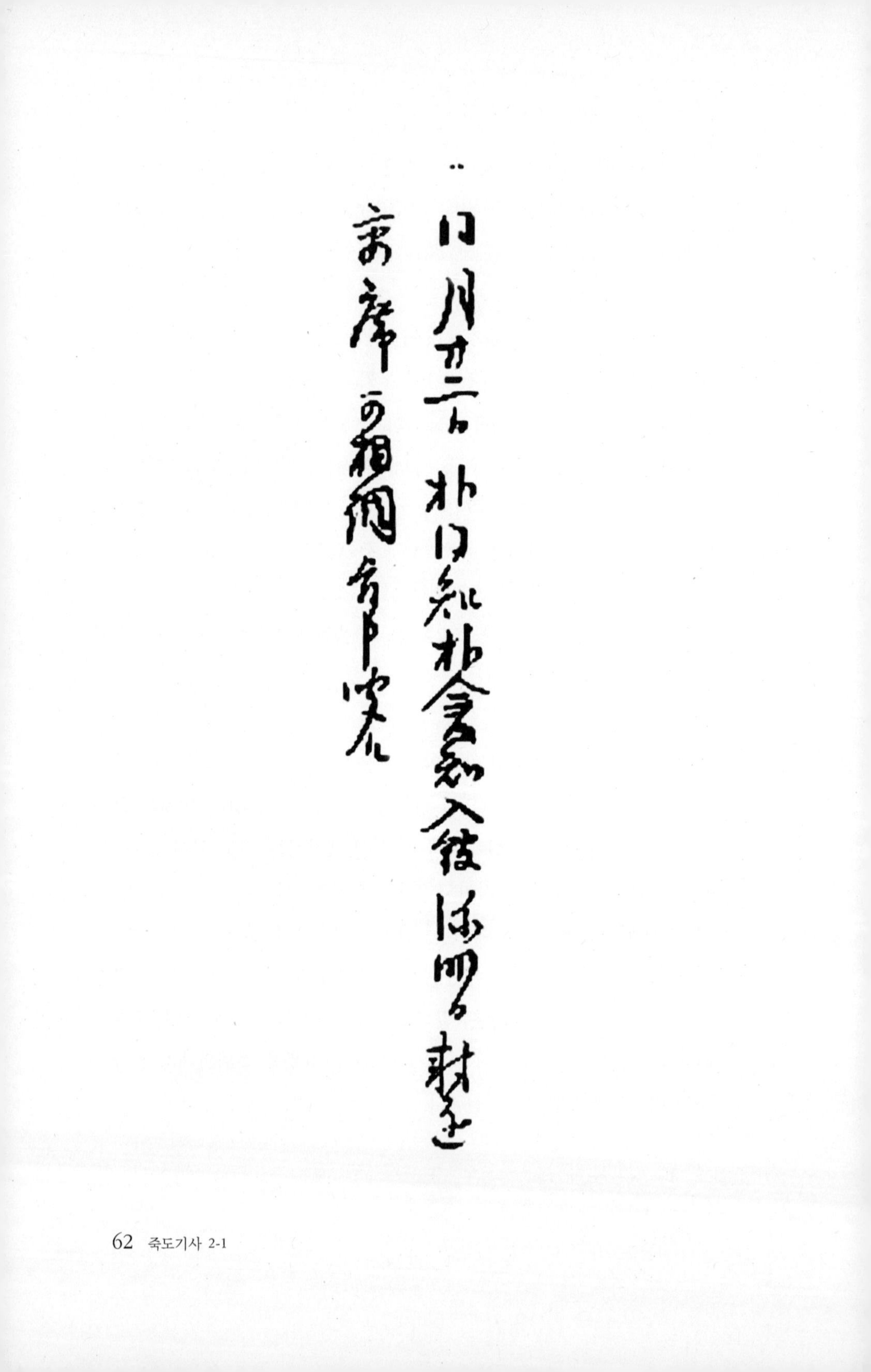

(22-04)

〃同月廿二日朴同知朴僉知入館弥明日封進宴席可相調旨申聞候

(22-04)

〃八月二十二日、朴同知と朴僉知とが[和館に]入館した。いよいよ
明日ということで、封進宴席が相調ったことを申し伝えてきた。

(22-04)

〃8월 22일에 박동지와 박첨지가 [화관에] 입관했다. 드디어 내일
로 봉진연석이 조정되었다는 것을 말로 전해왔다.

(22-05)

〃同月廿三日訓導方より今日者雨天ニ而御座候ニ付東莱江飛脚立申
候宴席之儀如何可申越哉与申来候付而唯今之通ニ候ヘハ罷成間敷
候間今日者可相延候其旨申遣候様ニ与返答申遣候処昼過卜同知入
館裁判江寄合申来候者宴席被相延候儀東莱江早速申越候之処其飛
脚届不申内接慰官東莱坂之下江被参

(22-05)

〃八月二十三日になった。訓導方から、今日は雨天であるのでと
言って、東莱府へ飛脚を立て、宴席を[執り行うのか、延期をす
るのか、さて]どうするのかと御伺いを立てた。すると[東莱府か
らは、天候が]唯今の通りであれば、とても決行するわけには行
かない。だから今日のところは繰り延べにしたいと、そのよう
な趣旨を[和館に]伝えるよう、返答があった。そのような中で、
昼過ぎに、卜同知が[和館に]入館し、裁判方へ立ち寄った。[そ
して、こちらに申し伝えて来たのは、以下のような内容であっ
た。すなわち]宴席を繰り延べるかどうか、東莱府へ早速[飛脚を
遣わし]申し入れを行いました。だがその飛脚の便が東莱府に届
かぬ内に、接慰官と東莱府使が、もう坂之下にまで出て来られ
ました。

(22-05)

〃8월 23일이 되었다. 훈도 쪽에서 오늘은 우천이기 때문이라고 말
하며, 동래부에 비각을 보내, 연석을 [집행할 것인가, 연기할 것

인가, 그런데] 어떻게 할 것인가라고 묻게 했다. 그러자 [동래부
에서는 천후가] 지금 이대로라면, 아무래도 결행할 수는 없다. 그
러므로 오늘 정도는 연기하고 싶다라고, 그러한 취지를 [화관에]
전달하도록 하라는, 답이 있었다. 그러한 가운데, 낮이 지나서,
변동지가 [화관에] 입관하여, 재판 쪽에 들렀다. [그리고 이쪽에
말로 전해온 것은, 이하와 같은 내용이었다. 즉] 연석을 연기할까
어쩔까, 동래부에 서둘러서 [비각을 보내어] 물어보았습니다. 그
러나 비각편이 동래부에 도착하기 전에, 접위관과 동래부사가
벌써 사카노시타(언덕 아래)까지 나오셨습니다.

人々より今朝事年に也と陰にて
少かれ出立られ此而意之陰之陰
十一寛坂之不之為第版少建之君
相附万為以々むりも至迫丁万之書
境光をもり㐂廊先相用庵此
訓替を以けけ誠以行坂之不之当〻今訴
以形とり第庫の相附ん許之稼之〻之

両人被申候ハ今朝東莱ハ然与降不申候故出立申候然所ニ爰元者強ク降
申候ヘ共坂之下迄為参儀ニ御座候間相済間敷候哉尤日も昼過可及暮候
得共火をともし候而成共相調度由訓導を以被申越候付坂之下迄御両
人御越候故今日宴席可相済候跡之接待迄

　その御両人が申されたことは、今朝、東莱府では[雨は]そうしっかり
とは降っていなかった。それゆえ[宴席に出席のため]出立いたしたの
であると。だがここ[坂之下まで]出て来た時[突如として、雨足が激し
くなり]強く降ってきた。[まことに残念なことである。だがせっか
く、こうして]坂之下まで参ったからには、もう[宴席を執り行い、
諸々の儀式を]済ませてしまうことはできないものであろうか。当然な
がら[開始が遅れても構わない。]日も昼過ぎになり、さらに夕暮れに
及んでも[構わない。]火を灯してでも宴席を調え、何とか[今日の内に]
済ませたいものである。そのように[接慰官と東莱府使の]御両人が
語った事を、訓導の卞同知が、こちらに伝えて来た。その申し出に対
し[こちらが答えた事は]坂之下まで御両人が御越し下さっているので
あれば、やはり今日の内に宴席は済ましてしまうべきと[此方も]考え
る。だがその後に[酒宴の]接待と会談があり、

　그 두 사람이 말한 것은, 오늘 아침, 동래부에서는 [비가] 그렇게 많이
내리지 않았다. 그렇기 때문에 [연석에 출석하기 위해] 출발한 것이라
한다. 그러나 이곳 [사카노시타까지] 나왔을 때 [돌연히 빗발이 세져
서] 강하게 내렸다. [참으로 유감스러운 일이다. 그러나 어렵게 이처
럼] 사카노시타까지 온 이상은, 어쩔 수 없이 [연석을 거행하고, 여러

의식을] 마치는 일은 할 수 없는 것일까. 당연히 [개시가 늦어도 상관 없다.] 해도 정오가 지나, 석양이 되어도 [상관없다.] 불을 밝히고라도 연석을 준비하여, 어떻게든 [오늘 중에] 마치고 싶다. 그처럼 [접위관 과 동래부사] 두 사람이 말한 것을, 훈도 변동지가, 이쪽에 전해왔다. 그 전달에 대해 [이쪽이 답한 것은] 사카노시타까지 두 분이 오셔서 계신다면, 역시 오늘 중에 연석을 마쳐야 한다고 [이쪽도] 생각한다. 그러나 그 뒤에 [주연의] 접대와 회담이 있어,

相済候而者必定日茂暮可申候左候而者下々入交不行規＝も可有之候接
待之儀者兼而御断可申入与存候折節＝候御馳走御断申候上ハ接待之儀
御馳走請候様＝有之其上茶礼之節委細申達候へ共別而御用無御座候拝
礼之儀者各別＝候之間坂之下^江者罷越可相勤候跡之接待者

このことも今日の内に済ましてしまうとなれば、おそらく日も[とっ
ぷりと]暮れてしまうであろう。そうなれば下々の者どもは[酒も入っ
ていることであり、夜陰に乗じ]入り交じって[潜商の真似事をした
り、また勢い余って乱闘などの]不行規なことまでも引き起こしてし
まいかねない。後の接待はかねてから、お断りしていたことでもあ
り、このような折の事であるから[接待の]御馳走は[この際]お断りを
したい。元来、その接待の御馳走を[こちらが]請け取るよう[そちら
からは強い御要望が]あった。だが茶礼の節に委細を申し上げたよう
に、この[役職に伴う利益]に対し、こちらは特段の御用があるわけで
はない。拝礼の儀は格別のことであり、それゆえ坂之下へ罷り越し
[粛拝を]勤めるべきことは、当然のことと思っている。だがその後の
接待については

이 일도 오늘 안에 마쳐버리게 되면, 아마도 날이 [완전히] 저물어 버
릴 것이다. 그렇게 되면 아랫사람들은 [술도 마셨을 것이므로, 야음을
틈타] 뒤섞여서 [잠상의 흉내를 내기도 하고, 난투 등의] 좋지 않은
일도 일어나기 쉽다. 뒤의 접대는 전부터 거절하고 있었던 일로, 이러
한 상황의 일이므로 [접대의] 어치주는 [이번에] 거절하고 싶다. 원래
이 접대의 어치주를 [이쪽이] 받도록 하라고 [그쪽은 강하게 요망하

고] 있었다. 그러나 차례 시에 자세히 말씀드린 대로, 이 [역직에 동반되는 이익]에 대해, 이쪽은 특단의 관심이 있는 것이 아니다. 배례의 예는 각별한 일이므로, 그렇기 때문에 사카노시타까지 찾아가 [숙배를] 해야 한다는 것은, 당연한 일이라고 생각하고 있다. 그러나 그 후의 접대에 대해서는

少し御返事申上候通御取計知入候

裁判年橋願官東草荒候多奉候

一ツ相済候節申上高屋不相

又第取候之知と申高候次第

候可相成申年付候今より

一候御之明候多可相済候通候延候

貴文

御断申候由返答申遣ス追付朴同知入館裁判江来リ接慰官東莱是非今日
宴席可相調与被申ニ而ハ無御座候坂之下迄被参候儀を御知ゟせ被申与之
儀ニ御座候今日弥可相延由被申旨申来候付左候ハヽ今日之儀相延明後
廿五日可相調旨返答申遣ス

[特段の意味は無い。それゆえ全て]お断りを致したい。このように[卜
同知に]返答し、申し伝えさせた。[その提案を持ち帰り]やがて朴同知
が、また入館して来た。裁判方へやって来て言うには、接慰官や東莱
府使の意向は、是非、今日にも宴席を調え、執り行ってしまいたい
と、そのようなことではございませんでした。ただ坂之下まで[わざ
わざ御両人が]参ったことを[対馬の方々に]御知らせしたかっただけで
ございますと、そのような事を申し伝えて来た。そして宴席の儀や接
待の儀については、今日は[雨が強まって来たゆえ]いよいよ延引すべ
きであると、そのように申されていることを、改めて申し伝えて来
た。このような経過を辿り、結局、今日の宴席の儀は、全てが延期と
なった。[改めて]明後日の二十五日に[再度、宴席を]調える旨を[朴同
知に]返答し[接慰官ならびに東莱府使に]申し遣わした。

[특단의 의미가 없다. 그렇기 때문에 모두] 거절하고 싶다. 이처럼 [변
동지에게] 답하여, 말로 전하게 했다. [그 제안을 가지고 돌아가고],
곧 박동지가 또 입관해 왔다. 재판 쪽에 와서 말하기를, 접위관이나
동래부사의 의향은, 꼭 오늘이라도 연석을 준비하여 집행하고 싶다
고, 그러한 것은 아니었습니다. 그저 사카노시타까지 [일부러 두 사람
이] 온 것을 [쓰시마의 여러분들에게] 알리고 싶었을 뿐이었습니다

라고, 그와 같은 것을 전해왔다. 그리고 연석의 의례나 접대의 의례에 대해서는, 오늘은 [비가 강해졌기 때문에] 어쩔 수 없이 연기해야 한다고, 그렇게 말하고 있다는 것을, 다시 전해 왔다. 이러한 경과를 거쳐, 결국, 오늘의 연석 의례는 모두 연기되었다. [새로] 모레 25일에 [다시 연석을] 준비한다는 뜻을 [박동지에게] 반답하여 [접위관 및 동래부사에게] 전하게 했다.

(22-06)

〃同月廿五日封進宴席相調候付坂之下〈江〉罷越例之通粛拝相済帰館之
後接慰官東莱太廳〈ニ〉被罷出候由両訳申聞候付一行太廳〈江〉罷越例之
通対礼在之曲禄〈ニ〉掛リ酒之中朴同知を以接慰官被申聞候ハ此方よ
り之馳走請間敷由申聞置候得共今日之宴席〈ニ〉朝廷より之祝儀物者
各別〈ニ〉御座候間御請被成候へと目録持来候付

(22-06)

〃八月二十五日、封進宴席が相調った。坂之下へ行き、例の通り
に粛拝を相済ませ帰館した。その後、接慰官と東莱府使が宴享
大庁に出て来られたと、両訳官が申して来たので、使者の一行
も、この大庁へ赴き、例の通りに対礼の儀式を執り行った。曲
禄に掛かった辺りから酒席となり、その席上で朴同知を介し、
接慰官は次のように申された。こちら[朝鮮]からの馳走は請け取
れないと、お話しになっておられたが、今日の宴席には朝廷か
ら祝儀物が届けられている。これは格別のもので[是非]御請け取
り下さい。このように語り[贈答の]目録を取り出してきた。

(22-06)

〃8월 25일에 봉진연석이 준비되었다. 사카노시타에 가서, 상례대
로 숙배를 마치고 귀관했다. 그 후에 접위관과 동래부사가 연향
대청에 나셨다고, 양 역관이 알려왔기 때문에, 사자 일행도 이
대청으로 가서, 상례대로 대례의식을 집행했다. 곡연이 시작되었
을 무렵부터 주석이 되어, 그 석상에서 박동지를 매개로 해서,

접위관이 다음처럼 말씀하셨다. 이쪽(조선)이 보내는 치주는 받지 않는다고 말씀하시고 계셨으나, 오늘의 연석에는 조정이 보낸 축의물이 도착되어 있다. 이것은 각별한 것이므로 [꼭] 받아주세요. 이처럼 말하고 [증답의] 목록을 꺼내왔다.

被仰聞候趣承届候兼而申入置候通心入御座候付御断申入候朝廷より之
御祝儀返進与申儀者慮外成儀゠候へハ都表者能様被仰登御音物者接慰
官迄致返進候由申遣候処常々御馳走物とハ違是ハ朝廷より之祝儀゠而
都表発足之節被申渡持下りたる儀゠御座候前接慰官も此段不申叶候と
て不首尾゠御座候今度御請不被成候而者弥致迷惑事゠候間

そして、お話し下さった[馳走を請け取れないという]御趣旨について
は確かに承った。だが、かねてから申し入れて置いたように、こちら
にも考えがあり[ただ請け兼ねるとおっしゃられても、そのような
返答は]御断りする。これは朝廷からの御祝儀の品であり、これをお
返しになるなどとは[全く以って]了見違いも甚だしい。都表へは[取
り敢えず]適当に報告し、御音物(贈答品)は接慰官までお返しがあっ
たと連絡しておくが、常々の御馳走物とは違い、これは朝廷からの
祝儀[の下賜品]であり[お返しというわけには参らぬものである。接
慰官が]都表を発足の折[対馬からの使者に直々に渡すよう、きつく]
申し渡され、持ち下ったものである。前の接慰官は、この祝儀品を
渡すことが出来ず、結局[使者接遇の役職としては]不首尾に終わって
しまった。この度、これを御請け取りに成らなくては、いよいよ
[我々が]迷惑をする。だから是非、

그리고 말해주신 [치주를 받지 않는다고 하는] 취지에 대해서는 잘
알았다. 그러나 전부터 말해 두었듯이, 이쪽에도 생각이 있어 [그저
받기 어렵다고 말씀하셔도, 그와 같은 반답은] 거절한다. 이것은 조정
이 보낸 축의품으로, 이것을 돌려보내는 것과 같은 일은 [그야말로]

착각도 너무 심하다. 도성에는 [일단] 적당히 보고하여, 증답품을 접위관에게 반납하는 일이 있었다고 연락해 두겠으나, 통상의 치주물과는 달리, 이것은 조정이 보낸 축의[의 하사품]으로 [돌려준다는 일은 할 수 없는 것이다. 접위관이] 도성을 발족할 때 [쓰시마의 사자에 직접 건네도록 하라고, 강하게] 명받고, 가지고 내려온 것이다. 전의 접위관은 이 축의품을 건네주지 못하고, 결국 [사자를 대우하는 역직으로서]는 불미스럽게 끝나고 말았다. 이번에 이것을 받지 않으면, 결국 [우리들이] 곤란하다. 그러니 꼭

御請被成候様ニ与被申聞候付最前より如申入候心入御座候而御断申儀ニ
御座候日本向にては首尾ニより主人より給候品も断申事有之儀ニ御座
候御馳走請申時分も可有之由返答候而相止九献之数相済平座候而朴
同知朴僉知を以申掛候者定而段々御注進可被成与存候茶礼之節申入
候様ニ一嶋二名ニ相聞へ候様成紛敷儀ニ而者両国之儀不相済候間

御請け取り下さる様にと[強く]申し入れを行って来た。だが既に申し
入れて置いたように[こちらにも]考えがあり、なお、やはり御断りを
すると、このように答えておいた。日本では首尾により、主人から
給付される品も[敢えて]お断りする場合が有る。[今回の]御馳走を請
け取るという事も、このような[首尾の]事情の中で[お断りをするの
で]ある。このような返答をして[この件に関する]遣り取りは終わっ
た。さて[宴席において、酒杯]九献の杯数も済み、いよいよ平座に
なって[の会談に入った。そこで]朴同知や朴僉知を介し[接慰官に本
題の]申し掛けを[次のように]行った。すなわち、事の次第を[今回]
しっかりと[朝廷に]御注進下さったことと思う。茶礼の節に申し入れ
た様に、一島が二名として語られるようなことは紛しいことで、両
国通好のためには宜しく無い。

받아주실 것을 [강하게] 요구해왔다. 그러나 이미 전달해 두었듯이
[이쪽에도] 생각이 있어 역시 거절한다고, 이렇게 답하여 두었다. 일
본에서는 상황에 따라, 주인한테 급부 받는 물품도 [일부러] 거절하는
경우가 있다. [이번의] 어치주를 받는다고 하는 것도, 이와 같은 [상황
에 따른] 사정으로 [거절하는 것]이다. 이렇게 반답하여 [이 건에 관

한] 이야기는 끝났다. 그런데 [연석에서 술잔] 9헌의 배수도 끝나, 곧 평좌하여 [회담에 들어갔다. 그리고] 박동지나 박첨지를 매개로 하여 [접위관에게 본제의] 이야기를 [다음처럼] 했다. 즉 일의 상황을 [이번에] 똑바로 [조정에] 주진해 주신 것으로 생각한다. 차례 시에 말씀 드렸듯이, 1도의 2명으로 이야기되는 것은 혼란스러운 일로, 양국의 통호를 위해 좋지 않다.

兎角真直成事ニ而無御座候ヘハ届不申候真直成儀与申内御認被成様善
悪可有之候間御了簡被成冝御注進被成候様ニ与申達候処一嶋二名ニ思
召候与御座候而者御返簡之認様有之儀ニ御座候左様御座候ヘハ当春之
返簡認直シ候間此方江御返し被成候様ニ与被申候付又答候ハ先日より
両判事江申候通一嶋二名ニ被成候而悪敷候与御難題申ニ而者

兎も角も、真っ直ぐに理解できるように成らなくては[話しが嚙み合
わない。そうでなければ、このことを東武へ]お届けすることなど[到
底]できない。真っ直ぐに理解が成るよう[御書簡を]したため直して
下さるよう[今一度、お願いする。御書簡が]善いか悪いか[という基
準]は、この真っ直ぐかどうかという点に有る。このことを御了解し
ていただき、宜しく[都へ]御注進に成られたい。このように伝えた処
[接慰官は次のように申された。すなわち]一島が二名として[語られ
ている事実を、そのありのままに]お認めになれば、また御返翰のし
たため様もあるのです。そうであれば当春[にお渡しした]返翰を、そ
のように、したため直すことも可能です。ならば、その返翰を先ず
御返し下さいと、このように申してきた。それに付いて又[こちらが]
答えたことは、先日から両判事へ申している通り、一島を二つの名
で[語るように]成っては悪いと、そのような難題を申しているわけ

어쨌든, 곧바로 이해할 수 있게 하지 않으면 [말이 맞지 않는다. 그렇
지 않으면, 이 일을 동무에] 보고하는 것을 [도저히] 할 수 없다. 곧바
로 이해할 수 있게 [서간을] 고쳐 써주실 것을 [지금 다시 한번 부탁
한다. 서간이] 좋은가 나쁜가[라는 기준]은 단순한가 어떤가라는 점에

있다. 이것을 이해하여, 좋게 [도성에] 주진해주었으면 한다. 이렇게 전하였더니 [접위관은 다음처럼 말씀하셨다. 즉] 1도가 2명으로 [이야기 되고 있는 사실을, 있는 그대로] 인정하면, 또 반한을 기록할 방법도 있는 것이다. 그렇게 되면 올봄[에 건넌] 반한을, 그렇게, 고쳐서 기록하는 것도 가능합니다. 그렇다면 그 반한을 먼저 돌려달라고, 이렇게 말해 왔다. 그것에 대해서 또 [이쪽이] 답한 것은, 전일부터 양 판사에게 말하고 있는 그대로, 1도를 2명으로 [말하게] 되면 안 된다고, 그와 같은 난제를 말하고 있는 것은

無之候一嶋二名ニ相聞候疑敷候紛敷書面を申断儀ニ候当春之返簡之儀
此方ニ不入物候ヘハ唯今ニも御渡可申候然共御返簡下リ拙子心ニ合点
仕候時取替可進候依之其節迄ハ可控置候諸事御相談与御座候上ハ御
下書見申候而好ミも御座候ハ、其通ニ御直シ被成是ニ而者東武江差上
候而も不苦与存候時御返翰右左ニ取替申事ニ候此段曾而御疑被成

ではない。一島が二名に聞えるような[あたかも二つの島が実際に在
るように思える文言の記載が、文として]疑しいということである。
[そのような]紛しい書面[であれば、その文書の遣り取りについて]
は、お断りをする。それだけのことである。当春の御返翰には、こ
ちら[の理解]にとって不必要な[紛らわしい]文言があった。だから[不
同意となったのである。]それゆえ唯今、直ぐにも[この不同意の御返
翰を、こちらも]御渡ししたい。しかしながら[新たな]御返翰が[まだ
ここには下っていない。それが]下って来て、拙者の心に合点がいっ
たならば、その時点で取り替えを進めたい。だから今後、その下る
折まで[この返翰は]控えとして[こちらに]留め置いておく。諸事を御
相談の上で行いたいので[新たな御返翰については、その]下書きを
[先ずこちらに]お見せ頂き[こちらの]好みもあるので、その通り[の文
言]に御直しに成られているのか、これで東武へ差し上げても悪く無
いのか[そのような事を確認したい。そして、これで良い]となった時
点で、御返翰を右から左へと取り替えることに致したい。このよう
な事を、全て御疑いに成られ

아니다. 1도가 2명으로 들리는 듯한 [마치 두 섬이 실제로 있는 것처럼 생각할 수 있는 문언의 기재가, 문으로서] 의심스럽다는 것이다. [그와 같이] 혼란스런 서면[이라면, 그 문서를 주고받는 것을] 거절한다. 그것뿐이다. 올봄의 반한에는, 이쪽[의 이해]에 불필요한 [혼란스러운] 문언이 있었다. 그래서 [동의하지 않은 것이다.] 그렇기 때문에 지금 바로, 즉시라도 [이 부동의의 반한을 우리도] 건네주고 싶다. 그러나 [새로운] 반한이 [아직 이곳에는 내려오지 않았다. 그것이] 내려오고] 졸자가 이해할 수 있으면, 그 시점에서 교환을 추진하고 싶다. 그러므로 이후에, 그것이 내려올 때까지 [이 반한은] 만일을 위해 [우리쪽에] 놓아둔다. 모든 것을 상담하여 행하고 싶으니 [새로운 반한에 대해서는, 그] 초안을 [먼저 이쪽에] 보여주면 [이쪽이] 원하는 것도 있기 때문에, 그러한 [문언]으로 고쳐져 있는 것인가, 이것을 동무에 올려도 나쁘지 않을 것인가 [그러한 것을 확인하고 싶다. 그리고 이것으로 좋다]고 할 수 있는 시점에서, 반답 우(지난번 반한)를 좌(새로운 반한)로 교환하는 것으로 하고 싶다. 이와 같은 일을, 모두를 의심하지

間敷候旨申掛候処被仰聞候趣承届候其返簡悪敷候間直シ候へと御持
渡候事ニ候へハ御渡不被成儀不聞事ニ候今度参候返簡之儀成程結構ニ
正官御心ニ合候様可申参候此段接慰官申儀少も御疑被成間敷候若御心ニ
不入儀有之ハ思召候通何時も直シ可申候左候へハ御扣被成候而も無益
之事ニ候諸事之儀明日致註進候ニ請取不差登候而者都之心入違申事ニ候

ないようにと申し掛けておいた。すると、お話し下さった御趣旨は
承り、理解も致した。だが返翰[の文言]が不都合であるので、この返
翰をお直し下さいと[わざわざ]御持ち渡りになったのであれば[その
不都合の返翰を、先ずは御返しになるのが筋であろう。改善を希望
しながら、それを]御渡しに成られぬような事は[これまで]聞いたこ
とがない。[それゆえ、先ずは御返し下され。そうすれば]今度参る
[予定の新たな]御返翰は、成るほど結構であると、正官の御心に叶う
様な[文言に書き改まることになる。以前のものを御返しになれば、
早速、その不都合の箇所を取り上げ、都表へ]申し伝えるつもりであ
る。この事については、この接慰官が申す事に、少しの御疑いも成
さらないように、お願いを致したい。もし御心に合わず、入らざる
事が[新たな御返翰の中に]有れば、お考えの通りを、またいつでもお
直しを致す。[こちらは]そのような心づもりでいるので[前回の返翰
を御手元に]控えとして置いていても、何の益にもならぬ事である。
諸々の事は明日にも[都へ]注進を致すが[先ずは前回の返翰を当方で]
請け取り置き[この注進に添えて都へ]差し上げなければならない。そ
うでなければ都の[人たちは修正に応じない。それを差し上げてこ
そ、修正への朝廷の]心入れは違って来る。

않도록 하라고 말해두었다. 그러자 이야기해주신 취지는 알고, 이해도 했다. 그러나 반한[의 문언]이 좋지 않기 때문에, 이 문언을 고쳐달라고 [일부러] 가지고 건너온 것이라면 [그 납득이 가지 않는 반한을, 먼저 돌려주는 것이 도리일 것이다. 개선을 희망하면서, 그것을] 건네주지 않는 것과 같은 일은 [지금까지] 들은 일이 없다. [그렇기 때문에 우선 돌려주시라. 그렇게 하면] 이번에 올 [예정의 새로운] 서한은, 과연 잘 되었다라고, 정관의 마음에 들 수 있는 [문언으로 고쳐 쓰는 일이 된다. 이전 것을 돌려주시면, 서둘러, 그 부적절한 곳을 들어, 도성에] 전할 생각이다. 이 일에 대해서는, 이 접위관이 말하는 것으로, 조금도 의심하지 말 것을, 부탁하고 싶다. 만일 마음에 들지 않는, 필요 없는 것이 [새로운 반한 중에] 있으면, 생각하는 대로, 또 언제든지 고치겠습니다. [이쪽은] 그와 같은 생각이니 [전회의 반한을 그곳에] 보관해 두고 있어도, 아무런 이익도 없는 일이다. 여러 가지 것은 내일이라도 [도성에] 주진하겠습니다만, [우선 전회의 반한을 이쪽에서] 받아 두고 [이 주진에 첨부하여 도성에] 바치지 않으면 안 된다. 그렇지 않으면 도성 [사람들은 수정에 응하지 않는다. 그것을 바쳐야 비로소, 수정하는 것으로 조정의] 마음가짐이 변한다.

間御渡し被成候へと被申聞候付扨者扣置候儀重而とても御渡し申間敷
哉与御疑強候与相見へ候其段別儀有之事ニ而無御座候其上ニも無覚束
思召候者都船主裁判江手形成共為致可申候御返簡茂不見届うかと相渡
候与対馬守殿被聞届不埒成仕様与有之而者日本之法ニ而切腹も仕程之
儀ニ御座候使者此通ニ申候由御注進被成可然旨申達候之処被

だから[以前の御返翰を、先ずは]御渡し下さいと、このように[朝鮮
側は]伝えて来た^(註3)。それに付いて[こちらが答えるには、前回の御
返翰を]このまま控えとして置いておく事は[重要な事と考えてい
る。]繰り返し言うが[この御返翰は]とても御渡し出来ない。[接慰官
のお話し下さった内容に、拙者が]疑いを持っているかのように、あ
るいは聞こえるかもしれない。[だが、そうではない。ここには]格別
の事情が有るわけではない。その上で、なお覚束ない思いがお有り
になるなら、都船主や裁判から[返却を御約束する]手形なりとも[そ
ちらに]お渡しすることはできる。[兎も角も、新たな]御返翰を見届
けず、うっかりと[先の御返翰を]お渡ししてしまえば、それを対馬守
殿に聞き届けられては、不埒な交渉であると[拙者が叱責を受ける。]
日本の法では、切腹も仕る程の[大いなる失態という]事になる。[だ
から都表には、対馬からの]使者は、この通りに申していると[有りの
侭を]御注進に成られて然るべきである。このような趣旨を申し伝え
た^(註4)。すると、

그러므로 [이전의 반한을 먼저] 건네주세요 라고, 이렇게 [조선 측은]
전해 왔다. 그것에 대해 [이쪽이 답하기를, 전회의 반한을] 이대로 보관해 두는 일은 [중요한 일이라고 생각하고 있다.] 반복해서 말하는데 [이 반한은] 절대 건네줄 수 없다. [접위관이 말씀하신 내용에, 졸자가] 의심을 품고 있는 것처럼, 어쩌면 들릴지도 모른다. [그러나 그렇지 않다. 여기에는] 각별한 사정이 있는 것이 아니다. 그래도 불안한 마음이 있다면, 도선주나 재판이 [반납을 약속하는] 보증서라도 [그쪽에] 건네줄 수는 있다. [어쨌든 새로운] 반한을 보지 않고, 함부로 [앞의 반한을] 건네버리면, 그것을 쓰시마노카미님이 들으시면, 좋지 않은 교섭이라고 [졸자가 질책받는다.] 일본의 법으로는 할복자살에 해당할 정도로 [큰 실태라고 하는] 일이 된다. [그러므로 도성에는 쓰시마에서 온] 사자가, 이처럼 말하고 있다고 [있는 그대로를] 주진하셔야 합니다. 이와 같은 취지를 전했다. 그러자,

仰聞候儀者御尤ニ存候請取不申候而ハ注進之仕様無御座候接慰官不首
尾之段も御察可被成候何とそ宜返事申来候様ニ与之心入レ第一ハ御使
者之首尾を存候而之儀ニ御座候由被申候付又返答ニ返簡御請取不被差
登候而者不首尾与申儀合点不参候又使者之為能様ニ与思召候而被仰聞
候趣忝儀ニ者候得共是又合点不参候此論談者接慰官拙子

お話し下さった事は尤に存ずる次第である。だが[前回の返翰を]請け
取らねば[都表へ文言の修正を]注進することができない。これは接慰
官の不首尾ということになる。その点を[充分に]御察し下さり、何と
ぞ宜しい御返事をお聞かせ頂きたいと、そのような事を申して来
た。だが、そのような考えの第一にあるのは、御使者[となった接慰
官自ら]の功を考えた首尾、不首尾であろう。[つまり手前勝手な業績
の事を、ただ]申しているだけである。また[新たな]返翰を下し置か
れるよう注進するのに[前回の]返翰を請け取り[それに添えて]差し登
らなければ[修正の事が]不首尾になるというのは、これは[接慰官御
自身の思い込みであり、こちらからすれば]合点の参らぬことであ
る。そしてまた[対馬からの]使者の為、宜しい様にと心を配っている
とのことであるが、まことに忝ないことではあるが、これまた[そう
とは思えず、本当に心配りをしているかどうか]合点の参らぬことで
ある。この論談は、接慰官と拙者との間の

말씀하신 것은 당연하다고 생각하는 바입니다. 그러나 [전회의 서간
을] 받지 않으면 [도성에 문언의 수정을] 주진할 수 없다. 이것은 접
위관의 불찰이라는 것이 된다. 그 점을 [충분히] 살피시고, 꼭 좋은 답

을 들려주기를 바란다라고, 그러한 이야기를 해왔다. 그러나 그러한 생각의 제일 중요한 것은, 사자[가 된 접위관 자신]의 공을 생각한 것으로, 좋지 않은 일일 것이다. [즉 제멋대로의 업적을, 그저] 말하고 있을 뿐이다. 또 [새로운] 반한을 내려 주실 것을 주진하는데 [전회의] 반한을 받아 [그것을 첨부하여] 올리지 않으면 [수정하는 일이] 잘 안 될 것이라고 말하는 것은, 이것은 [접위관 자신의 생각으로, 이쪽에서는] 납득할 수 없는 일이다. 그리고 또 [쓰시마에서 온] 사자를 위해, 잘 되게 마음을 쓰고 있다고 하나, 참으로 황송한 일이기는 하지만, 이것 역시 [그렇게는 생각하지 않고, 정말로 배려하고 있는지 어떤지] 납득이 가지 않는다. 이 논담은 접위관과 졸자 사이의

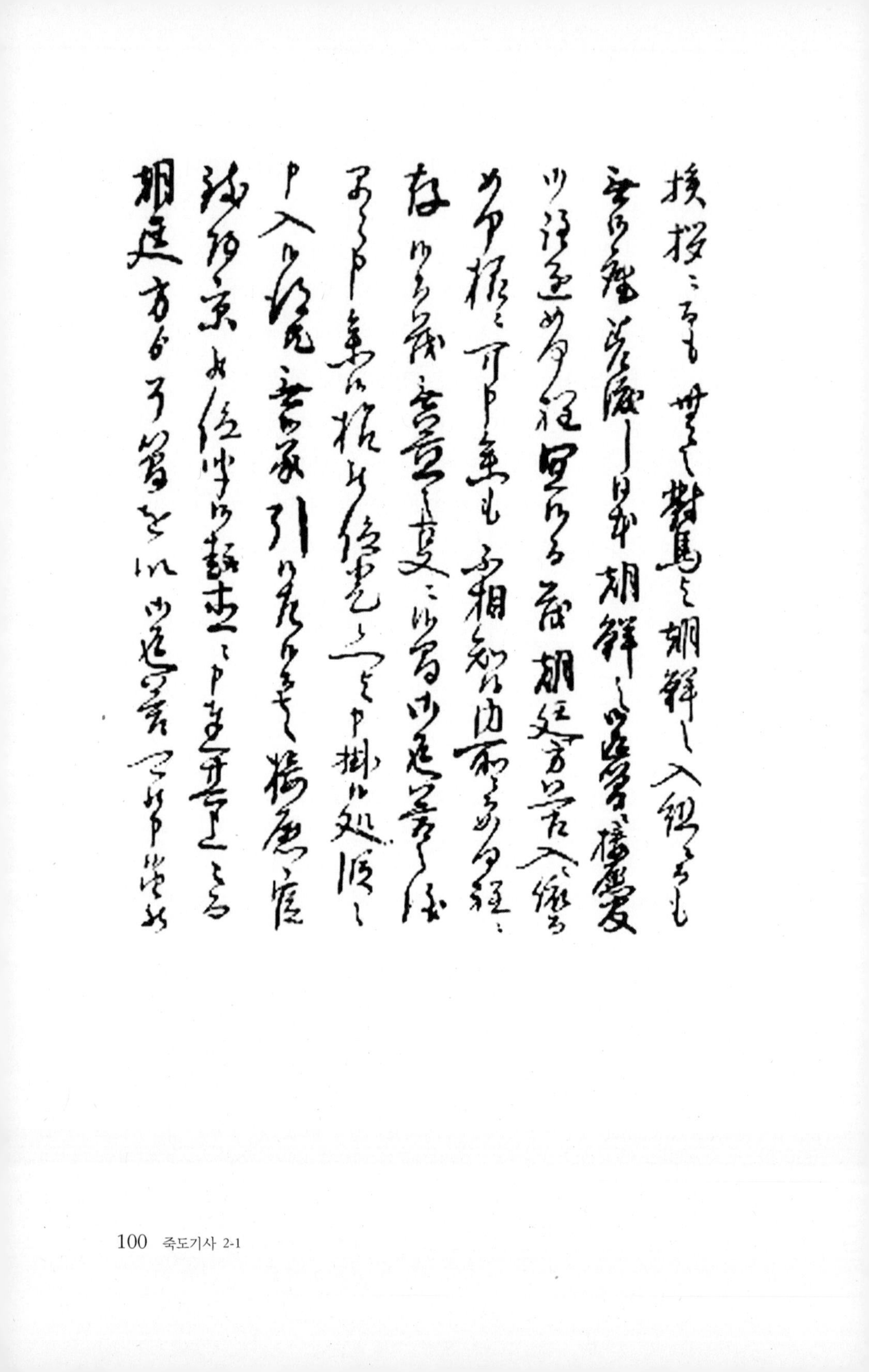

挨拶ニ而も無之対馬与朝鮮之入組ニ而も無御座差渡し日本朝鮮之御返
簡ニ接慰官御註進如何程宜候而茂朝廷方思召入ニ依而如何様ニ可申参
も不相知候内所ニ而如何程ニ存候而茂無益之事ニ候間御返答之儀早々
申参候様被仰登候へ与申掛候処段々申入候得共無御承引候左候而者
接慰官致帰京被仰聞候趣直ニ申達其上ニ而朝廷方より了簡を以御返答
可被申候由被

挨拶(交渉)では無い。また対馬と朝鮮との間の入り組んだ紛糾の交渉
でも無い。[敢えて言えば]日本と朝鮮との間で差し渡された書簡につ
いて、その文書交渉の問題である。[すなわち中央政府同士の論談と
言うべきものである。それゆえ]接慰官の御注進が如何ほど宜しくと
も、朝廷方のお考えに依っては、如何様にも変わるものである。[接
慰官と拙者との間で]内々に如何ほど[の合意があり、如何ほどの]承
知があっても[所詮、出先の合意であり]無益の事である[註5]。それゆ
え御返答が早々に参るよう[都へ御注進をいっそう]申し上げるよう
[さらに接慰官へ]申し掛けた。すると色々と[朝廷へは]申し入れをし
ているが[新たな返翰を、ここで差し下すことへの]御承引は、まだ無
いという。そのようであるから接慰官が、ここで[一旦]帰京し[御使
者たる正官の]お話し下さった御趣旨を[そのまま]都表へ直に申し上
げようと思う。その上で朝廷方から了解を取り、その御返答を致し
たいと、

교섭이 아니다. 또 쓰시마와 조선 사이에 벌어지는 분규의 교섭도 아
니다. [굳이 말하자면] 일본과 조선 사이에 건네진 서간에 대해, 그 문

서교섭의 문제이다. [즉 중앙정부 간의 논담이라고 할 수 있는 일이
다. 그렇기 때문에] 접위관의 주진이 아무리 좋다해도, 조정 측의 생
각에 따라서, 얼마든지 바뀌는 것이다. [접위관과 졸자 간에] 은밀하
게 아무리 [합의하고, 아무리] 이해했다 해도 [어차피 일선의 합의로]
무익한 일이다. 그렇기 때문에 반답이 빨리 오도록 [조정에 주진을
빨리] 올릴 것을 [다시 접위관에게] 말했다. 그러자 여러 가지로 [조
정에는] 전하고 있으나 [새로운 반한을, 여기서 내리는 일에 대한] 승
인이, 아직 없다 한다. 그러한 것 같으니 접위관이, 여기서 [일단] 귀
경하여 [사자 정관이] 말씀하신 취지를 [그대로] 도성에 바로 말씀 드
리려고 생각한다. 그렇게 하여 조정의 양해를 얻어, 그 반답을 하고
싶다고,

申候故御帰京被成首尾ニ候ハ、兎も角も御勝手次第ニ候両国之挨拶其
通之御作法ニ候哉御注進ニ依て御返答之善悪有之与仰候程之事ニ候ヘ
ハ当春返簡之儀被仰聞候得共今度之御返翰下り候迄相扣候由使者申
候旨御注進難被成事ニ候哉曾而合点不参候由申達候ヘハ左候ハ、其旨
注進も可仕候然時ハ不宜返翰参候儀ハ同前ニ候其時何角与御相談与有
之儀

このように申して来た。そこで御帰京に成られる首尾となるなら、
兎も角も、御好きなようになさって構わない。両国の御挨拶(交渉)
は、その通りのまま[両国それぞれの慣習による]御作法で行うことに
致そう。御注進[の巧拙]に依って、御返答の善悪が生じると言い、当
春の御返翰を[返却するように接慰官は]お申し出になるが、今度の御
返翰が下る迄は、こちらでは、なお[以前の]御返翰は手元に控え置く
ことにする。このように使者は[相手の接慰官に、なおも]伝えておい
た。それに加え、使者の申し伝えた趣旨を[都表に報告するに際し、
前回の返簡の返却が無いまま]注進することは難しい事だと[接慰官
は]お考えになっているが、それは全く合点の参らぬことだとも伝え
ておいた。[すると接慰官が言うには]そうなると、その旨を[ありの
まま都に]注進することになる。だが、その時には[きっと]宜しくな
い返翰が罷り下る。そのことは、もう当然と思わなければならな
い。その時になって[はじめて]何かと御相談を[こちらに]持ち掛けて
貰っても

이렇게 말해 왔다. 그래서 귀경하는 상황이 되면, 어쨌든 좋을 대로 하셔도 좋습니다. 양국의 교섭은, 있는 그대로 [양국이 각각 관습에 따른] 작법으로 행하기로 합시다. 주진[의 교졸]에 따라 반답의 선악이 생긴다고 말하며, 올 봄의 반한을 [돌려달라고 접위관은] 말하고 있으나, 이번의 반답이 내려올 때까지는, 이쪽에서는, 계속 [이전의] 반답을 이곳에 놓아두는 것으로 한다.] 이렇게 사자는 [상대 접위관에게, 다시] 전해두었다. 그에 덧붙여, 사자가 전한 취지를 [도성에 보고할 때, 전회의 반한을 반납하는 일 없이] 주진하는 일은 어려운 일이라고 [접위관은] 생각하고 계시나, 그것은 전혀 납득할 수 없는 일이라고 전해두었다. [그러자 접위관이 말하기를] 그렇게 되면, 그 뜻을 [있는 그대로 도성에] 주진하게 된다. 그러나 그때에는 [틀림없이] 좋지 않은 반한이 내려온다. 그것은 당연한 일이라고 생각하지 않으면 안 된다. 그때가 되어 [비로소] 무어라고 상담을 [이쪽에] 가지고 와도

曾而不承候此段御合点ニ候哉与被申候付其段弥難落着候最前申候通両
国差渡之御返簡使者之振り悪敷とて悪ニ成善ニ違ひ可申哉乍然此返簡
被差登候へハ必定宜申参与被仰聞候趣相違有之間敷与思召候哉与申
候時最前より申候通宜申参候惚成儀御座候付両国之儀者不及申御使
者御帰国迄恰合宜様ニ与存申入候由両判事此方

[もはや]どうにもできない。一切が手遅れと言う事になり[御意向を]承り
[善処することなど]とてもできない。この事は[予め]了解して置いて頂か
なければならない。そのように申し伝えて来た。このような遣り取りが
あって、いよいよ[話し合いは擦れ違い、噛み合わぬままになっていっ
た。すなわち]落着し難くなってしまった。[しかし、ここで何とか打開策
を見出さなくてはならない。そこでさらに話し掛けを行った。]最前にも
申した通り、両国の間には[互いの考えの]差し渡しを行う[御書簡そして]
御返翰と言うものがある。[それを取り継ぐ]使者がいる。その使者の対応
が悪いからといって、この交渉事が悪く成り、また善に相違すると言った
ような事に成るものではない。[ただ国の方針があり、それによって使者
は動かなければならないというものである。それゆえ、その取り組みに善
悪などと言うようなものが有るわけでは無い。]しかしながら[何とか事を
収めたい。]御返翰を[今の段階では、そちらに返却し、それを都表に]差し
登らせる[必要が、どうしても有ると、今回お話し下さった。]そうすれば
必ず宜しいように上申すると、そのような[お約束を]お聞かせ下さった。
その趣旨は[果たして]間違い無いことであるのかと[改めて]このように問
い掛けた。すると[接慰官が話した事は]最前から申している通り、宜しい
ように上申するつもりであるし、それ[が首尾良く進むこと]については確

信がある。両国の事は申すに及ばず、御使者が御帰国なさる迄に、しっかりと宜しい様に事が運ぶよう[精一杯の努力をすると、このように]申して来た。これらの事を両判事と、こちらの

[이미] 어찌할 수 없다. 모든 것이 늦었다는 것이 되어 [뜻을] 받아 [선처하는 일은] 도저히 할 수 없다. 이 일은 [미리] 알아 두지 않으면 안 된다. 그렇게 전해왔다. 이러한 주고받는 일이 있은 다음에, 결국 [합의는 어긋나고 틀어져 갔다. 즉] 낙착되기 어렵게 되고 말았다. [그러나 여기서 어떻게든 타결책을 찾아내지 않으면 안 된다. 그래서 다시 말을 걸었다.] 최근에도 말한 대로 양국 간에는 [서로의 생각을] 전달하는 [서간 그리고] 반한이라는 것이 있다. [그것을 주선하는] 사자가 있다. 그 사자의 대응이 나쁘다 해서, 이 교섭이 나쁘게 되고, 또 선과 다르다고 말한 것과 같은 일이 되는 것이 아니다. [그저 국가의 방침이 있고, 그것에 따라 사자는 움직이지 않으면 안 된다는 것이다. 그렇기 때문에, 그 교섭에 선악 등으로 말할 수 있는 것이 있는 것은 아니다.] 그러나 [어떻게든 일을 수습하고 싶다.] 반한을 [지금 단계에서는 저쪽에 돌려주어, 그것을 도성에] 올려보낼 [필요가 있다고, 이번에 말씀하여 주셨다.] 그렇게 하면 반드시 좋게 상신한다고, 그와 같은 [약속을] 해주셨다. 그 취지는 [과연] 틀림없는 것인가 라고 [다시] 이렇게 물었다. 그러자 [접위관이 말한 것은] 종전부터 말하고 있는 대로, 좋게 되도록 상신할 예정이고, 그[것이 잘 진행되는 것]에 대해서는 확신이 있다. 양국의 일은 말할 필요가 없고, 사자가 귀국하실 때까지, 완전히 좋게 일이 진행되도록 [정성을 다하여 노력하겠다라고, 이와 같이] 말해왔다. 이러한 일을 양 판사와, 이쪽의

通事中山加兵衛諸岡助左衛門を以段々被申聞候付具承届候此方存候
ハ爰元ニ而極而宜与存候儀国元ヘ申遣其通ニ可相済共不存候定而接慰
官も其通ニ而思召寄之趣御注進被成候而も其通ニ者相済間敷与存候之
処扨者接慰官思召候通御注進被成候ヘハ相済事ニ候由憮ニ被仰聞候上
ハ相心得申候其通ニ候者御渡シ可申与申候時御渡シ可被成与御座候而

通事である中山加兵衛や諸岡助左衛門を介し、一つ一つ申し入れて
来た。それゆえ、それを具に承ることにした。こちらが理解してい
ることは[以下のようなことである。すなわち]この和館において[わ
れらが]極めて宜しいと承知していても[実際のところ]国元へ申し遣
してみれば[意見の食い違いなどがあり]その通りでは決して済まな
い。そのようなことが[これまで何度も]あった。おそらく接慰官にし
ても[朝廷との間で]その通りのことがあるであろう。お考えになって
いる趣旨のことを御注進に成られても、その通りに[全てが]済むわけは
無い。[そのような厳しい事情が、そちらの朝廷にも有る筈である。]だ
がそのような処に、さては[何か工夫か、あるいは有力な伝手でもあ
るのであろうか。]接慰官のお考えの通りを、そのまま[都へ]御注進
なさったならば、それで[新たな返翰の事は好転し、全てが]相済む事
であるという。[それを、こうして懇切丁寧に]お話し下さった。それ
を[この大勢が聞いている会談の場で]確かに[間違いなく、こちらは]
聞かされた。ならば、この上は、もう相心得て了解することに致し
たい。もしも、その通り[に事が進んで行くの]であれば[先の御返翰
を、この際、そちらに]御渡し致そうと思う[註6]。[そのように接慰官
へ]申し伝えた。すると、その時[接慰官の言うには、その御返翰を]

통사인 나카야마 카베에나 모로오카 스케자에몬을 매개로 해서, 하나 하나 요구해 왔다. 그렇기 때문에, 그것을 자세히 듣기로 했다. 이쪽이 이해하고 있는 것은 [이하와 같은 일이다. 즉] 이 화관에서 [우리들이] 아주 좋다고 인식하고 있어도 [실제로는] 본국에 전해 보면 [의견이 맞지 않는 일 등이 있어] 그대로는 결코 끝나지 않는다. 그와 같은 일이 [지금까지 몇 번이고] 있었다. 아마 접위관도 [조정과의 사이에] 그와 같은 일이 있었을 것이다. 생각하고 계시는 취지의 일을 주진하셔도, 그대로 [모든 것이] 끝날 수는 없다. [그와 같이 엄한 사정이, 그쪽 조정에도 있기 마련이다.] 그러나 그와 같은 것을, 그렇다면 [어떤 방법이나, 혹은] 접위관이 생각하는 것을, 그대로 [도성에] 주진하셨다면, 그것으로 [새로운 반한의 일이 호전하여, 모든 것이] 잘 될 것이라 한다. [그것을 이렇게 간절하고 정중하게] 말씀해 주셨다. 그것을 [이 많은 사람이 듣고 있는 회담장에서] 확실하게 [틀림없이, 이쪽은] 들었다. 그렇다면, 이런 이상은, 이제 납득하여 이해하는 것으로 하고 싶다. 만일 그대로 [일이 진행되어 가는] 것이라면 [앞의 반한을, 이때, 그쪽에] 건네려고 생각한다. [그렇게 접위관에게] 전했다. 그러자 그때 [접위관이 말하길, 그 반한을] 건네주는 일이 되어

致安堵候左候ヘハ諸事恰合能キ下書掛御目御好ミ次第御相談申事ニ御
座候由被申聞候付被仰聞候趣段々致思案候ヘハ接慰官唯今之御心入ニ
候ハヽとても悪敷様ニ者申参間敷候下書見申度与申候儀者未疑心ニ而
候御下書下リ候ニ及不申候間本書下リ候様早々被仰登候ヘ万一望之儀
も御座候者御相談可申候間本書下リ候而茂幾重ニも御相談被成候様ニ
与申達候処

[ようやく]安堵致した。そうであれば、諸事ぴったり都合よい下書き
を[直ぐにも相調え]御目に掛けることにする。さらに御好み次第[の文
言]になるよう、この御相談を致したい。そのように申し伝えてき
た。そこで、そのようにお話し下さった趣旨を[こちらでも]色々と思
案した結果、接慰官の唯今の御心入れに[深く感じ入った。]とても悪
いようにはなさらないであろうと[深く信ずるに至った。それゆえ]や
がて下って来る御返翰の下書きを[先ずは]見てみたいと[そのように]
申し出た。[交渉を行って]いる段階では[確かにこちらに]まだ疑う心
があった。だが、その御下書きが下って来る前に、もう[直ぐにも]本
書が下って来るように[接慰官が話すので、それを信じ切った。それ
ゆえ]早々に[都へ]御報告を上げるようにと[接慰官に]申し伝えた。[す
ると接慰官は]万一[なおも]御要望が有るなら[さらに]御相談をするこ
とは可能である。本書が下ってからでも[その後]幾重にも御相談がで
きると、そのようにお話し下さった。そして、それならば

[겨우] 안도했다. 그렇다면 모든 일이 아주 마음에 드는 초안을 [금방
이라도 조절하여] 보여드리기로 하겠다. 또 선호하는 대로의 [문언]이

되도록, 이 상담을 하고 싶다. 그렇게 전해왔다. 그래서, 그렇게 말해준 취지를 [이쪽에서도] 여러 가지로 생각한 결과, 접위관의 현재의 배려에 [깊이 감동했다.] 아무래도 나쁘게는 되지 않을 것이다라고 [그와 같이] 말했다. [교섭을 행하고] 있는 단계에서는 [분명히 이쪽에] 아직 의심하는 마음이 있었다. 그러나 그 초안이 내려오기 전에, 곧 [금방이라도] 본서가 내려올 것처럼 [접위관이 이야기하기 때문에, 그것을 믿어 의심하지 않았다. 그렇기 때문에] 서둘러 [도성에] 보고를 올려달라고 [접위관에게] 요구했다. [그러자 접위관은] 만일 [아직도] 요망하는 것이 있으면 [다시] 상담을 하는 일은 가능하다. 본서가 내려오고 나서도 [그 후에] 얼마든지 상담을 할 수 있다라고, 그렇게 말씀하셨다. 그래서, 그렇다면

下書御覧ニ不及候与之儀被仰聞感入申候真ニ御誠信与存候弥諸事仕能
候被仰聞候通本書下リ其上御好有之者何時も直し可申候由被申論談
相止候相済而朴同知朴僉知都船主宅ニ入来候付館守裁判幷阿比留惣兵
衛を以当春請取候参判参議東莱釜山之返簡両判事江相渡ス

[もう]下書きを御覧になる必要は無いではないか。[下って来た本書
を見て、それをもとに、あれこれと御相談なさってはとまで]お話し
下さった。そのような事を聞かされ[こちらは実に]感に入った次第であ
る。これこそ真の御誠信であると、そのようにも思うに至った[註7]。い
よいよ諸事様々な事が[これからは]良いように展開する。お話し下
さった通りに本書が下り、その上、御好みがあれば、これを何時でも
も[望むように]お直しをするのだと[そのように接慰官は誠意を以て]
申された。それゆえ[合意が成り]ついに論談は止むに至った。相談も
相済んだ段階で、朴同知、朴僉知が、まもなく都船主宅に入って来
た。そこで館守、裁判、ならびに阿比留惣兵衛を以て、当春に請け
取り置いた御書簡、すなわち参判および参議さらに東莱府使および
釜山僉使からの御返翰を、全てこの両判事へ渡す事になった。

[이미] 초안을 보실 필요가 없지 않은가. [내려온 본서를 보고, 그것을
근거로, 이것저것 상담하면 어떨까라고 까지] 말씀하셨다. 그와 같은
말을 들은 [이쪽은 참으로] 마음에 들었던 것이다. 이것이야말로 진정
한 성신이라고, 그렇게도 생각하게 되었다. 드디어 여러 모든 일이
[지금부터는] 좋게 전개한다. 말씀하신 대로 본서가 내려오고, 그리고
원하는 것이 있으면, 이것을 언제든지 [원하는 대로] 고치는 것이라고

[그처럼 접위관은 성의 있게] 말씀하셨다. 그렇기 때문에 [합의가 이루어져] 드디어 논담을 마치게 되었다. 상담도 끝난 단계에서, 박동지 박첨지가 곧바로 도선주 댁에 들어왔다. 그곳에서 관수, 재판, 및 아비루 쇼우베에가, 올 봄에 받아두었던 서간, 즉 참판 및 참의, 그리고 동래부사 및 부산첨사가 보낸 반한을, 모두, 이 양 판사에게 건네는 일이 되었다.

(22-07)

〃封進宴席相済最前之返簡差返候旨与左衛門より御国^江申上候書状
之略

(22-07)

〃封進宴席が相済み、最前の返翰を全て差し返したことを、与左
衛門から御国へ報告として上げられた。その書状の略である。

(22-07)

〃봉진연석이 끝나고, 최근의 반한을 모두 반납한 것을, 요자에몬
이 본국에 보고하여 올리셨다. 그 서장의 개략이다.

〝一昨廿五日封進宴席相調申候就中先便ニ茂申進候通当春持渡之返翰之儀扣置候而可然存候処接慰官被申候ハ右以(「原のマ丶」と行間にあり)之返翰御返シ不被成候而者今度御返答之申様も無御座其上右之返簡不冝被思召候間直シ候様ニ与之御事ニ候ヘハ其返翰不差登候而者都江之注進之首尾も無御座候間相渡候様ニ与達而被申聞

〝一昨日、八月二十五日に封進宴席が相調った。とりわけ先の便りでも申し上げた通り、当春に持ち渡った返翰のことであるが[こちらの手元に]控え置いて当然と思っていた処、接慰官が申されたことは、右の返翰を、なお以て御返しに成らなければ、今度の御返答をしようと思っても、どうにも申し上げ様が無いということであった。その[返翰を返却した]上であれば、右の返翰で宜しくないとお考えに成られた所を、お直しすると言う御返事であった。[つまり]其の返翰を[都表へ]差し上げなければ、注進の首尾も成り立たないと言う。そのため、お渡し下さいと、達って申されたのである。

〝그저께, 8월 25일에 봉진연석이 이루어졌다. 일단 앞의 연락으로도 말씀드린 대로, 올봄에 가지고 건넌 반한의 일인데 [이쪽에서] 보관하고 있는 것이 당연하다고 생각하고 있었는데, 접위관이 말하기를, 위의 반한을 다시 반납하지 않으면, 이번에 반답을 하려고 생각해도, 아무래도 요구할 방법이 없다는 것이었다. 그 [반한을 반각한]다면, 위의 반한에서 좋지않다고 생각했던 곳을, 고

치겠다는 답이었다. [즉] 그 반한을 [도성에] 바치지 않으면, 주진
할 상황에도 이르지 못한다 한다. 그렇기 때문에 건네주세요 라
고, 강하게 요구했던 것이다.

候付其上是非控可申様も無御座候付相渡申候先頃も申進候様ニ今度之
御返簡之儀必定我嶋之由緒を申立右之通ニ御座候之間此上者如何様共
対馬守様宜様ニ被仰上被下候様ニ与なけき候体ニ返簡可相認哉与存候茶
礼之節私口上ニ申入候通蔚陵嶋之文字御除候へ無左候ハヽ

その上、是非とも[こちらに]控え置かなければならないという理由も無かっ
たので、この返翰を[あちらに]お渡しすることにした。だが先頃も申し上げ
た通り、今度[罷り下る予定]の御返翰は、おそらく[当該の島は]我が朝鮮の
島であると、そのような[朝鮮側の]由緒を申し立てることであろう。右の通
り[朝鮮の島であると]主張し、その上で、どのようにか対馬守様の宜しい様
に[公儀へ]御報告し、善処して下さる様にと、そのような嘆願の形式で御返
翰をしたためるのではなかろうか^(註8)。そのように[拙者は]考えるところで
ある。茶礼の節、拙者が口上で申し入れた事は[こちらの要求の]通り、蔚陵
嶋の文字を御除き下さい、そうでなければ

그리고, 꼭 [이쪽에] 놓아두어야 한다는 이유도 없었기 때문에, 이 반
한을 [저쪽에] 건네주기로 했다. 그러나 전에도 말씀드렸던 대로, 이
번에 [내려올 예정]의 반한은, 아마도 [당해의 섬은] 우리 조선의 섬
이라고, 그러한 [조선 측의] 유서를 주장할 것이다. 위와 같이 [조선의
섬이라고] 주장하고, 그런 위에, 어떻게든 쓰시마노카미님이 잘 [장군
에게] 보고하여, 선처하할 수 있도록, 그와 같은 탄원형식으로 반한을
기록하는 것이 아닐까. 그처럼 [졸자는] 생각하는 바이다. 차례 시, 졸
자가 구상으로 요구한 것은 [이쪽이 요구하는] 대로, 울릉도라는 문자
를 삭제해 주세요, 그렇지 않으면

御除不被成様子被仰越候へ与申達置候旨意ニ候得者為替御紙面ニ候とて請取間敷与ハ被申間敷候故無何事請取可致帰国与存候一昨日接慰官之挨拶之様子并判事共唯今迄申通ニ候へハ必定右之通我国之由緒を申立東武之儀者宜様ニ頼存候旨致書載勢ニ而御座候

御除きに成られぬ理由を[こちらに]お示し下さいと[そのような事であった。]その申し伝え置いた趣旨を[あちらが]御理解なさったならば[前回の御返翰は、今回]振り替わる御紙面となるであろう。そうなれば[こちらが]請け取れないと[拒絶を]申すような事は[もはや]無いであろう。何事も無く請け取り[我々使者一行は]帰国する事になろう。[だが]一昨日に於ける、接慰官の挨拶の様子、ならびに判事共の様子、そして唯今まで[彼らが]語る通りであれば[欝陵嶋の文字を除くような事は、今回も無いであろう。]おそらく右の通りに、我が国の島という[彼らの]由緒を[なおも]申し立て、東武への報告の事は、宜しい様に頼み込むという首尾になるであろう。そのような趣旨を[新たな返翰には]書き載せるという[只今の]趨勢である。

삭제하지 않는 이유를 [이쪽에] 알려달라고 [그와 같은 일이었다.] 그렇게 전해 둔 취지를 [저쪽이] 이해하셨다면 [전회의 반한은, 이번에] 바꿔지는 지면이 될 것이다. 그렇게 되면 [이쪽이] 받지 않는다고 [거절을] 말하는 것과 같은 일은 [다시] 없을 것이다. 아무일 없이 받아 [우리들 사자 일행은] 귀국하게 될 것이다. [그러나] 그저께 접위관의 말하는 것, 및 판사들의 태도, 그리고 지금까지 [그들이] 말한 대로라면 [울릉도라는 문자를 삭제하는 것과 같은 일은, 이번에도 없을 것이다.] 아마도 위와 같이, 우리나라의 섬이라고 하는 [그들의] 유서를 [또 다시] 주장하여, 동무에 보고하는 일은, 잘 되게 부탁한다고 하는 것이 될 것이다. 그와 같은 취지를 [새로운 서간에는] 기재한다고 하는 것이 [지금의] 추세이다.

来月中頃者返簡可致到来由申候其元思召寄も御座候ハ早々可被仰越
候勿論難請取首尾之儀も候ハヽ此方ニ而油断不仕不相伺候而不叶儀者
其元江申越候様ニ可仕候先便ニ茂申進候通江戸表へハ御取込之内与存
此方より者不申上候御了簡被成不苦思召候ハヽ其元より具ニ可被仰上候

来月の中頃には、このような返翰が[この地に]到来するであろう。そ
のように[彼らは]申していた。そちら国元では、またそれなりのお考
えもあるであろうから[新たな返翰が到来すれば]早々に御連絡を差し
上げようと思う。勿論、請け取り難い事情も起こるであろうから、
こちらにても、なお油断せぬよう注意を払うつもりである。もしも
本国(対州)の御意向を伺わなければ叶わぬという事が起これば、そち
らに申し伝え[改めて御指示を仰ぐつもりである。その折には]そのよ
うなご配慮を以て対応していただきたい。先の便でも申し上げた通
り[こちらから]江戸表へ[報告を上げる事は遠慮を致している。主君
の御病状が思わしくないためである。あちら江戸表は目下]取り込み
中と考えられる。それゆえ、こちらから[敢えて]御報告を差し上げる
ようなことは致さない[註9]。御思案に成られ、支障は無いと御判断な
さったならば、そちら国元から[江戸藩邸へ]具に御報告を上げて頂き
たい。

내월 중순경에는, 이와 같은 반한이 [이곳에] 도래할 것이다. 그처럼
[그들은] 말하고 있었다. 그쪽 본국에서는, 또 그 나름의 생각도 있을
것이므로 [새로운 반한이 도래하면] 서둘러 연락 올리려고 생각한다.
물론 받기 어려운 사정도 생길 것이므로, 이쪽에서도, 더욱 유단하지

않도록 주의할 생각이다. 만일 본국(타이슈우)의 의향을 물어야 하는 일이 발생하면, 그쪽에 전하여 [다시 지시를 받을 생각이다. 그때는] 그와 같은 배려를 가지고 대응하여 주었으면 한다. 앞의 연락에서도 말씀드린 대로 [이쪽에서] 에도에 [보고를 올리는 일은 삼가고 있다. 주군의 병상이 좋지 않기 때문이다. 저쪽 에도는 목하] 어수선할 것으로 생각된다. 그렇기 때문에 이쪽에서 [일부러] 보고를 올리는 것과 같은 일은 하지 않는다. 생각하시고, 지장이 없다고 판단되시면, 그쪽 본국에서 [에도번저에] 자세히 보고하여 주었으면 한다.

註1、接慰官下向の遅延

第二次交渉の使節一行(正官は多田与左右衛門、都船主は番柳左衛門、封進は寺崎与四衛門)は五月二十八日、対馬府中を出発した。この一行が出発する前、先向使の鈴木加平次が朝鮮側に使者派遣を伝えている。それを承け朝鮮側も、すでに五月二十五日、使者を応接する接慰官に兪集一を任命している(『承政院日記』粛宗二十年五月二十五日条)。この年は閏月があり、閏五月、六月、七月と、すでに三ヶ月が経過している。それゆえ接慰官が八月に下向と言うのは、相当の遅延である。この遅延は意図的なもので、外交的な駆け引きの一つであった。朝鮮側にすれば、この件は、すでに決着済みとの立場である。だが玉虫色の決着に同意しない対馬側が、一方的に使節団(第二次の使節団)を送り込んできた。そのような形で第二次交渉は開始した。それゆえ外交上の折衝は、すでに先向使派遣の段階で始まっている。それに対し、使節の派遣は不必要なことであると、朝鮮側は、その意向を示していた。だがそれに対し、朝鮮側の意向を無視した形で、正官の無理矢理の渡海があった。そこで朝鮮側も、しぶしぶながら、接慰官の実際の東莱への下向を行わせたという次第である。それゆえ、この交渉の拒絶というのが、そもそも朝鮮側の方針である。そのような方針を隠し持って、新たに、この正官との交渉が開始された。

접위관의 지연

제2차 교섭의 사절 일행(정관은 타다 요자에몬, 도선주는 반 야나기자에몬, 봉진은 테라사키 요시에몬)은 5월 28일에 쓰시마 부중을 출발했다. 이 일행이 출발하기 전에 선향사 스즈키 카헤이지가 조선 측에 사자 파견을 전했다. 이것을 받은 조선 측도 이미 5월 25일에 사자를 응접하는 접위관에 유집일을 임명했다(『승정원일기』숙종 20년 5월 25일조). 이 해는 윤월이 있어, 윤5월, 6월, 7월의 3개월이 지나고 있었다. 그렇기 때문에 접위관이 8월에 하향했다는 것은 상당한 지연이다. 이 지연은 의도적인 것으로 외교적 줄다리기의 하나였다. 조선 측으로서는, 이 건은 이미 결착된 사항이었다. 그러나 애매한 결착에 동의하지 않는 쓰시마 측이 일방적으로 사절단(제2차의 사절단)을 보내왔다. 그와 같은 형태로 제2차 교섭이 개시되었다. 그렇기 때문에 외교상의 절충은 이미 선향사 파견의 단계부터 시작되고 있었다. 그것에 대해, 사절의 파견이 필요없다고, 조선 측은, 그 뜻을 밝혔다. 그러나 그러한 조선 측의 의향을 무시한 형태로, 일방적으로 정관을 파견했다. 그래서 조선 측도 어쩔 수 없이, 접위관을 동래에 하향시킨 상태였다. 말하자면 이 교섭을 거절한다는 것이 원래 조선 측의 방침이었다. 그러한 방침을 숨긴 채로, 새로, 정관과의 교섭을 개시했다.

註2、漂流
寬文六年(一六六六)の大谷船の遭難、漂流の件を指す。

표류
칸분 6(1666)년에 있었던 오오야선이 조난 당하여 표류한 사실을 말한다.

註3、前回の返翰

　第二次交渉の最大のヤマ場である。朝鮮側にすれば、交渉方針を大きく変えているので、以前の返翰は何としても完全に回収しなければならない。それを対馬に預けたままでは、転換した方針を示すことができない。それゆえ言葉巧みに、対馬側から書翰を取り戻す工夫を凝らした。それが、この一連の兪集一の発言である

전회의 반한

　제2차 교섭의 가장 어려운 일이다. 조선 측은 교섭방침을 크게 바꾸었으므로, 이전의 반한을 어떻게든 회수하지 않으면 안 된다. 그것을 쓰시마에 맡긴 채로는 전환한 방침을 나타낼 수가 없다. 그렇기 때문에 교묘한 말로, 쓰시마 측에서 반한을 되돌려 받는 방법을 생각했다. 그것이 이곳에서 유집일이 말하는 일련의 발언이다.

註4、切腹

　多田与左衛門も、この書翰の持つ重要性を承知し、それを渡してしまえば切腹をも仕る程の失態となると、そのように承知している。だが結局、この書翰を渡してしまう。それは何故か。ここに多田の苦衷を感じ取らねばならない。それは彼の持つ、戦争に突入するかもしれないとする恐怖、その危機意識である。それを何としても避けなければならない。この交渉を破綻させてはならないと、自らの切腹も厭わず、戦争回避に、彼は動いた。この外交交渉をまとめるため、敢えて前回の書翰を全て返還した。

할복

타다 요자에몬도 이 서간의 가지는 중요성을 알고, 그것을 건네주고 말면 할복이라도 할 정도의 실태가 된다고, 그렇게 알고 있다. 그러나 결국 반한을 건네주고 만다. 그것은 어찌된 일인가. 여기에 타다의 고충을 이해하지 않으면 안 된다. 그것은 그가 가지는, 전쟁이 일어날지도 모른다는 공포, 그 위기의식이다. 그것을 어떻게든 피하지 않으면 안 된다. 이 교섭을 파탄시켜서는 안 된다라며, 스스로 할복하는 일도 두려워하지 않고, 전쟁의 회피를 위해, 그는 행동하려 했다. 이 외교교섭을 수습하기 위해, 어쩔 수 없이 전회의 서한 모두를 반환했다.

註5、出先の合意

出先の合意は本国同士の合意にはならない。それを第一次交渉で多田は経験した。一旦、玉虫色で決着という合意があり、その後、直ぐに覆ってしまった。それは対馬本国の内部で、再度の評定の結果である。だが多田にしてみれば、これは慚愧に堪えぬところであった。それが、この発言に現れている。

출장소의 합의

출장소의 합의는 본국 간의 합의가 되지는 못한다. 그것을 제1차 교섭으로 타다는 경험했다. 일단 애매한 표현으로 결착한다고 하는 합의가 있었으나, 그 후 즉시 번복되고 말았다. 그것은 쓰시마 본국 내부에서 다시 평정한 결과였다. 그러나 타다 입장에서 보면, 이것은 참괴스럽기 짝이 없는 일이었기 때문이다. 그것이 이 발언에 나타나 있다.

註6、返翰の御渡し

　返翰を相手に渡すとは、白紙委任状を渡すようなものである。相手に修正の全てをお願いするということで、次にどのような返翰が下ってきても、受けざるを得ないという形である。第二次交渉は、この段階で決定した。接慰官は正官に比べ、外交的に巧者であった。それは半島国家朝鮮が列島国家日本よりも、大陸に接している分、外交交渉において経験を踏み、国家的に外交的巧者であったということである。対明関係、対清関係において、朝鮮は充分に外交というものを学習していた。すなわち相当にしたたかである。多田も、対馬の老職たちも、それに比べれば、まだ未熟だった。

반한의 반납

　반한을 상대에 건넨다는 것은, 백지위임장을 건네는 것과 같은 일이다. 상대에게 수정의 모든 것을 원한다는 것으로, 다음에 어떤 반한이 내려와도, 받아야 한다는 형식이다. 제2차 교섭은 이 단계에서 결정되었다. 접위관은 정관에 비해 외교적으로 능한 자였다. 그것은 반도국가 조선이 열도국가 일본보다도 대륙에 접하여 있는 만큼, 외교교섭의 경험을 하여, 국가적으로 외교가 능했기 때문이었다는 것이된다. 대명관계, 대청관계에서 조선은 충분히 외교라고 하는 것을 학습하고 있었다. 즉 상당히 능숙했다. 타다도 쓰시마의 노직들도 그것에 비하면 아직 미숙했다.

註7、下書きは不必要

本書が下ってからでも、なお修正を行うという説明を信じ切り、

下書きは不必要とのことに同意を与えてしまった。これは口車に乗
せられた形である。多田は兪集一に対し、真の御誠信と、感に入っ
た次第を述べている。それ程までに兪集一に人間的な信頼を寄せて
いた。だがその後の経過は、これを裏切るものであった。

불필요한 초안

본서가 내려온 후에도 다시 수정한다고 하는 설명을 믿고, 초안은
불필요하다는 것에 동의하고 말았다. 이것은 감언이설에 속은 꼴이
다. 타다는 유집일에 대해 순수한 성신과, 감성적으로 말하고 있다.
그 정도로 유집일에게 신뢰를 보내고 있었다. 그러나 그 후의 경과는
그것을 배반하는 일이었다.

註8、嘆願の形式

　これは多田の完全な思い込みである。多田は冷徹な外交交渉の現
場から、すでに逸脱している。兪集一との信頼関係の中で、全くの
幻想を見させられている。これは外交官としての兪集一の功績を褒
め称えるべきであろう。この交渉を追うと、多田の無骨な古武士の
面が目についてくる。直情径行で、対馬から使節が何度も訪れれ
ば、その経費負担に朝鮮の民が困惑すると、頑なに朝鮮からの馳走
を拒絶する。平和を愛好し、民の困窮を憂える多田は、非情な外交
交渉に、そもそも不向きだったかもしれない。ともあれ兪集一は外
交交渉において、多田より遥かに巧みであり、役者が一枚も二枚も
上であった。外交戦は、その第一ラウンドから兪集一の完全な勝利
で終わっていった。

탄원의 형식

이것은 타다의 완전한 착각이다. 타다는 냉철한 외교교섭의 현장에서 이미 벗어나 있다. 유집일과의 신뢰관계 속에서, 마치 환상을 보고 있었다. 이것은 외교관으로서의 유집일의 공적을 칭송할 일일 것이다. 이 교섭을 보면, 타다의 무뚝뚝한 무사의 면목이 엿보인다. 마음먹은 대로 행동하는 직정 경행으로, 쓰시마의 사절이 여러 번 방문하면, 그 경비 부담으로 조선인이 곤혹스럽다고, 완고하게 조선의 치주를 거절한다. 평화를 애호하고, 민의 곤궁를 걱정하는 타다는 비정한 외교교섭에, 처음부터 어울리지 않았는지도 모른다. 어쨌든 유집일은 외교교섭에서 타다보다 훨씬 능숙하여, 수완이 여러 수 위였다. 외교전은 그 제1라운드부터 유집일의 완전한 승리로 끝났다.

註9、主君の病状

この頃、主君の病状がおもわしくなく、外交交渉どころではなかった。この時期、外交における対馬の司令塔は不在であった。それゆえ多田に対し、適切な助言ができなかった。

주군의 병

이 무렵, 주군의 병상이 좋지 않아, 외교교섭은 문제가 아니었다. 이 시기의 외교에 대한 쓰시마의 사령탑은 부재였다. 그렇기 때문에 타다에게 적절한 조언을 할 수 없었다.

○日七年九月廿六日發足より一行中爲所候

【大綱二三段（元祿七年九月①）】

(23-00)

○ 同七年九月六日与左衛門一行中宴席設行在之

【大綱二三段（元祿七年九月①）】

(23-00)

○ 元禄七年九月六日、与左衛門一行に対する中宴席が設け行われた。

【대강 23단(겐로쿠 7년 9월 ①)】

(23-00)

○ 겐로쿠 7년 9월 6일에 요자에몬 일행에 대한 중연석이 거행되었다.

(23-01)

〃是より前八月廿九日朴同知朴僉知入館裁判方^江罷出正官^江接慰官
より之口上申聞候ハ頃日封進宴席相済其節懇^ニ申聞候趣翌日東莱
へ何茂差寄せ首尾宜様委く相認東莱軍官之中達者成者を撰ひ飛
脚^ニ申付時付にして廿六日子刻時分発足申付候定而十日之内^ニハ

(23-01)

〃是より前、八月二十九日のことである。朴同知、朴僉知が入館
し、裁判方へ罷り出た。そして正官に対し、接慰官からの口上
を申し伝えて来た。この時節に[滞りなく]封進宴席が相済むこと
となり[お礼を申し上げる。]その節(八月二十五日)懇ろにお聞き
致した通り[正官殿からの]御趣旨を具に承った。早速、翌日には
東莱へ[役人ども]いずれをも差し寄せ[検討し]首尾宜しい様に委
しく[御報告書を]したためた。東莱の軍官の中で[足の]達者であ
る者を撰び[その者に]飛脚を申し付け、日時にして二十六日の子
の刻(つまり翌二十七日の午前○時頃)時分に[都へ向け]発足を申
し付けた。だから、おそらく十日以内には

(23-01)

〃이보다 전인 8월 29일의 일이다. 박동지, 박첨지가 입관하여 재
판 쪽에 나갔다. 그리고 정관에게, 접위관의 구상을 전해왔다. 최
근에 [지체되는 일 없이] 봉진연석을 마칠 수 있게 되어 [예를 표
합니다.] 그때(8월 25일) 정중하게 말씀하신 대로 [정관님이 말씀
하신] 취지를 자세히 들었다. 서둘러 다음날에는 동래에 [역인들]

누군가를 불러 [검토하여] 상황이 좋도록 자세히 [보고서를] 기록했다. 동래군관 중에서 [발이] 빠르다는 자를 골라 [그 자에게] 비각을 명하여, 일시로 말하자면 26일 자시(즉 다음 27일 오전 0시경) 무렵에 [도성을 향해] 발족할 것을 명했다. 아마도 10일 이내에는

返答可参哉与存候封進宴席之節ハ両国之儀斗申談緩々不得御意候間
中宴席可仕候永々御滞留御退屈可被成候注進返答迄ハ御待遠ニ可有御座
候間責而中宴席成共被成候様ニ与申来候付御注進之段々具被仰聞珎重

[都からこの注進に対し]返答が参ることであろう。そのように[接慰
官は]思っている。封進宴席の折には、両国の事ばかりを議論し、
緩々と[互いの心情を語り合うようなことは無かった。それゆえ正官
殿の]御気持ちを汲むこと無く、宴席は終わってしまった。それゆ
え、ここに[改めて]中宴席を設け、歓談の機会を得たいと思う。[正
官殿におかれては]永々と御滞留になり、さぞや御退屈に成っておら
れることと推察する。[都表へは、すでに]注進を致したが、その返答
まで[なお日時はある。]御待ち遠にも感ずる事であろう。それゆえ、
せめて中宴席なりとも催すことにして[正官殿の無聊を慰めたいと思
う。そのように]申し伝えて来た。そこで返答致したことは次のよう
なことである。この度の御注進の事については、色々と具にお聞か
せいただき、珍重に

[도성에서 이 주진에 대한] 반답이 올 것입니다. 그처럼 [접위관은]
생각하고 있다. 봉진연석 시에는, 양국의 일만을 의논하여, 여유롭게
[서로의 심정을 이야기하는 것과 같은 일은 없었다. 그렇기 때문에
정관님의] 기분을 살피는 일 없이, 연석이 끝나고 말았다. 그래서 우
리가 [다시] 중연석을 열고 환담의 기회를 가지고 싶다. [정관님께서
는] 오랫동안 체류하시어, 참으로 많이 적적하셨을 것으로 추찰한다.
[도성에는 이미] 주진하였으나, 그 반답까지는 [아직 일수는 있다.] 기

다리기 지루하다고도 생각하실 것이다. 그래서 중연석이라도 여는 것
으로 해서 [정관님의 무료를 위로하고 싶다고 생각한다. 그렇게] 전해
왔다. 그래서 답한 것은 다음과 같은 일이다. 이번의 주진에 대해서는
여러 가지로 자세히 들어, 감사하게

存候中宴席可被成与之御事兼而御断申入候様ニ御馳走之儀御断申候上
ハ接待仕候而者御馳走請候様ニも相聞江其上御用茂無御座候へハ御断
申度候得とも御懇ニ被仰下候間いかにも中宴席可仕由返答申遣ス

思っている次第である。中宴席を催すとの事は、かねてから御断り
申しているように、これは馳走の事であり[やはり今回も、以前と同
様に]御断りを申し上げる(註1)。接待を受けることになっては、馳走
を請ける[ため、つまり利を得るため参った]様にも見られ[拙者の意
図するところではない。]その上[接待を仕るような]格別の御用も[今
は]無い。それゆえ[この度のお誘いは]御断りを致したい。そのよう
に申し伝えさせた。だが[なおも]懇ろに申し出があり、誘いがあった
ので[結局、断り切れず]中宴席を受けることになった。その旨の返答
を[あちらに]申し遣わした。

생각하고 있습니다. 중연석을 여는 것은 이전부터 사양하고 있는 것
처럼, 이것은 치주의 일로 [역시 이번에도 이전과 마찬가지로] 사양합
니다. 접대를 받는 일이 되면, 치주를 받기 [위해, 즉 이득을 얻기 위
해 온] 것으로도 보여 [졸자가 의도하는 바가 아니다.] 그 위에 [접대
를 해야 하는 것과 같은] 각별한 용건도 [지금은] 없다. 그래서 [이번
의 권유는] 사양하고 싶다. 그처럼 전하게 했다. 그러나 [다시] 정중한
요구가 있고, 권유가 있었기 때문에 [결국 사양하지 못하고] 중연석을
받는 것으로 했다. 그런 뜻의 답을 [저쪽에] 전하였다.

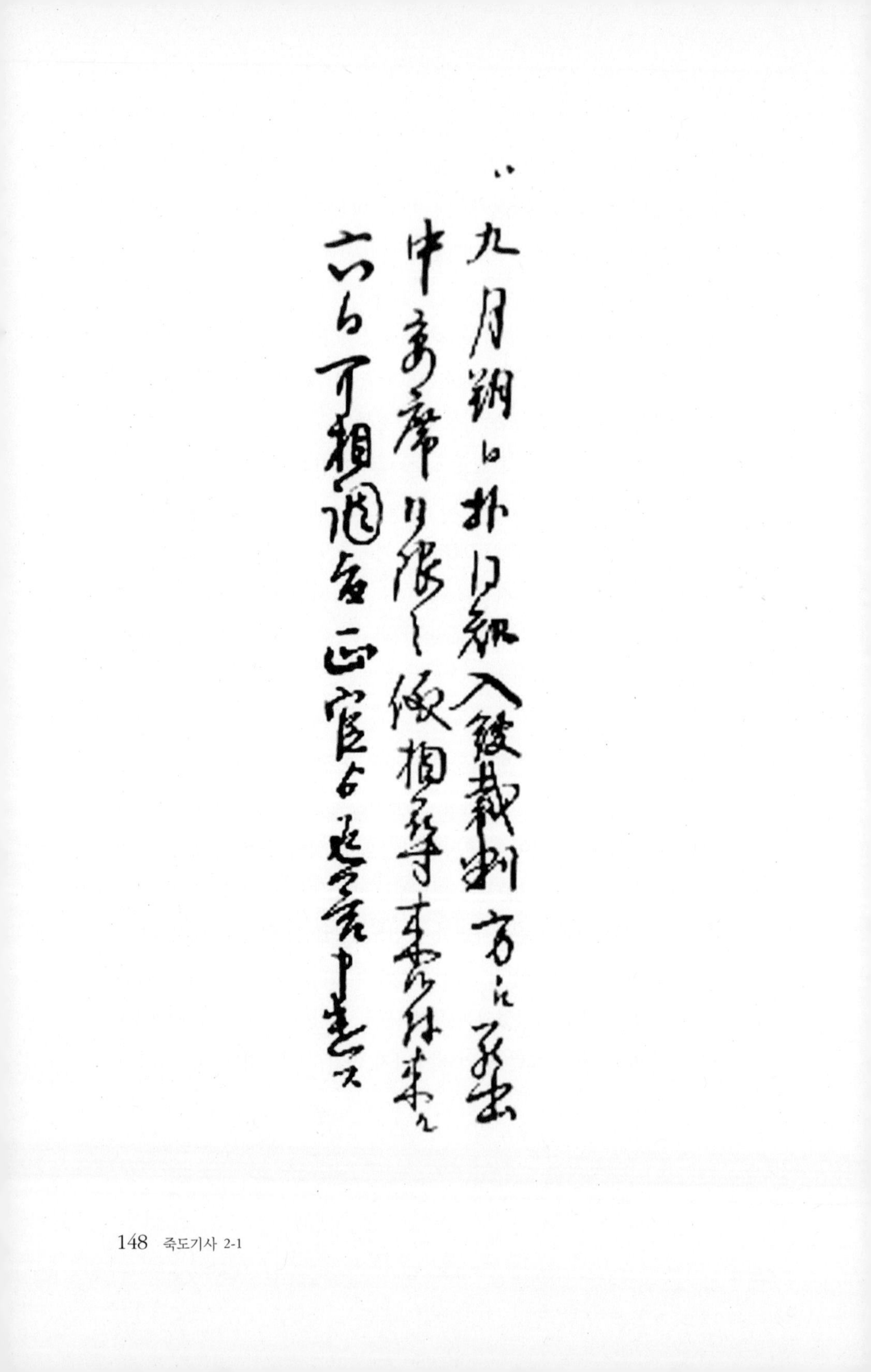

九月朔日、朴口級入被裁判方ニ

中高席り派〱候相尋寺す〱来ル

二白丁相個各正官台追〱走ル〱

(23-02)

〃九月朔日朴同知入館裁判方^江罷出中宴席日限之儀相尋来候付来ル

　六日可相調旨正官より返答申遣ス

(23-02)

〃九月朔日、朴同知が入館し、裁判方へ罷り出て、中宴席の日限

　の事を尋ねてきた。そこで来たる六日に調えてはどうかと、そ

　のような旨を正官から[朴同知に]返答として申し遣わした。

(23-02)

〃9월 초하루에 박동지가 입관하여 재판 쪽에 나아가, 중연석의 날

　짜에 관한 것을 물어왔다. 그래서 오는 6일로 정하면 어떨까라고,

　그와 같은 뜻을 정관이 [박동지에게] 답으로 해서 전하게 했다.

(23-03)

〃同月六日中宴席相調候付太廳ᵉ罷出例之通対礼相済曲禄ᵉ掛り早
速朴同知を以接慰官被申越候ハ封進宴席之時分ハ互両国之儀斗
申談候今日者緩々可得御意与之口上ᵉ付如仰先頃者

(23-03)

〃九月六日、中宴席が相調ったので、大庁へ罷り出て、例の通り
に対面の礼式を相済ませた。[その後、酒宴に入り]曲禄に掛った
辺りから、早速朴同知を以て接慰官から申し伝えがあった。封
進宴席の時分は、互いに両国の公事ばかりを申し談じた。今日
は緩々と過ごし、その御意を得たいと[まずは]口上を述べた。そ
こでこちらも応じ、おっしゃる通り、先だっては

(23-03)

〃9월 6일에 중연석이 준비되었기 때문에 대청에 나가, 상례대로
대면의 의식을 마쳤다. [그런 후에 연석에 들어가] 곡연이 시작
되었을 무렵부터, 곧바로 박동지를 매개로 해서 접위관이 전하
는 말이 있다. 봉진연석을 할 때는 서로 양국의 공사만을 이야기
했다. 오늘은 여유를 가지고 지내는 것으로 하고 싶다라고 [일단
은] 이야기했다. 그래서 이쪽에서도 응하여, 말씀하시는 대로, 지
난번에는

両国之儀斗申談候然上者御用も無御座殊御馳走御断申儀＝御座候ヘハ
今日之接待も如何＝存候ヘ共被仰下候趣御誠信＝存掛御目度存任仰候
今日者緩々可得御意旨申遣ス

両国の事ばかりを申し談じた。その後は格別な御用は無く、殊に御
馳走を受けるような事も無く、そのような事は御断りするだけで
あった。今日の接待も、いかがな事かと思ったが、お誘い下さった
御好意を[無にするわけにも行かず]これを御誠信に基づく交わりと考
え、御目に掛かって御礼の御挨拶を申し述べようと、こうして参っ
た次第である。今日は緩々と過ごし、その御意を得たいと、このよ
うな趣旨の言葉を申し遣わした。

양국의 일만을 이야기했다. 그 후에는 각별한 용건도 없고, 특별히 치
주를 받을 일도 없어, 그와 같은 일은 사양할 뿐이었다. 오늘의 접대
도 어떨까라고 생각했으나, 권해주신 호의를 [모른 체할 수도 없어]
이것을 성신에 근거라는 교제라고 생각하고, 뵙고 감사의 인사를 하
려고, 이렇게 나온 것입니다. 오늘은 여유롭게 지내며, 그 뜻을 얻고
싶다고, 그와 같은 취지의 말을 전하게 했다.

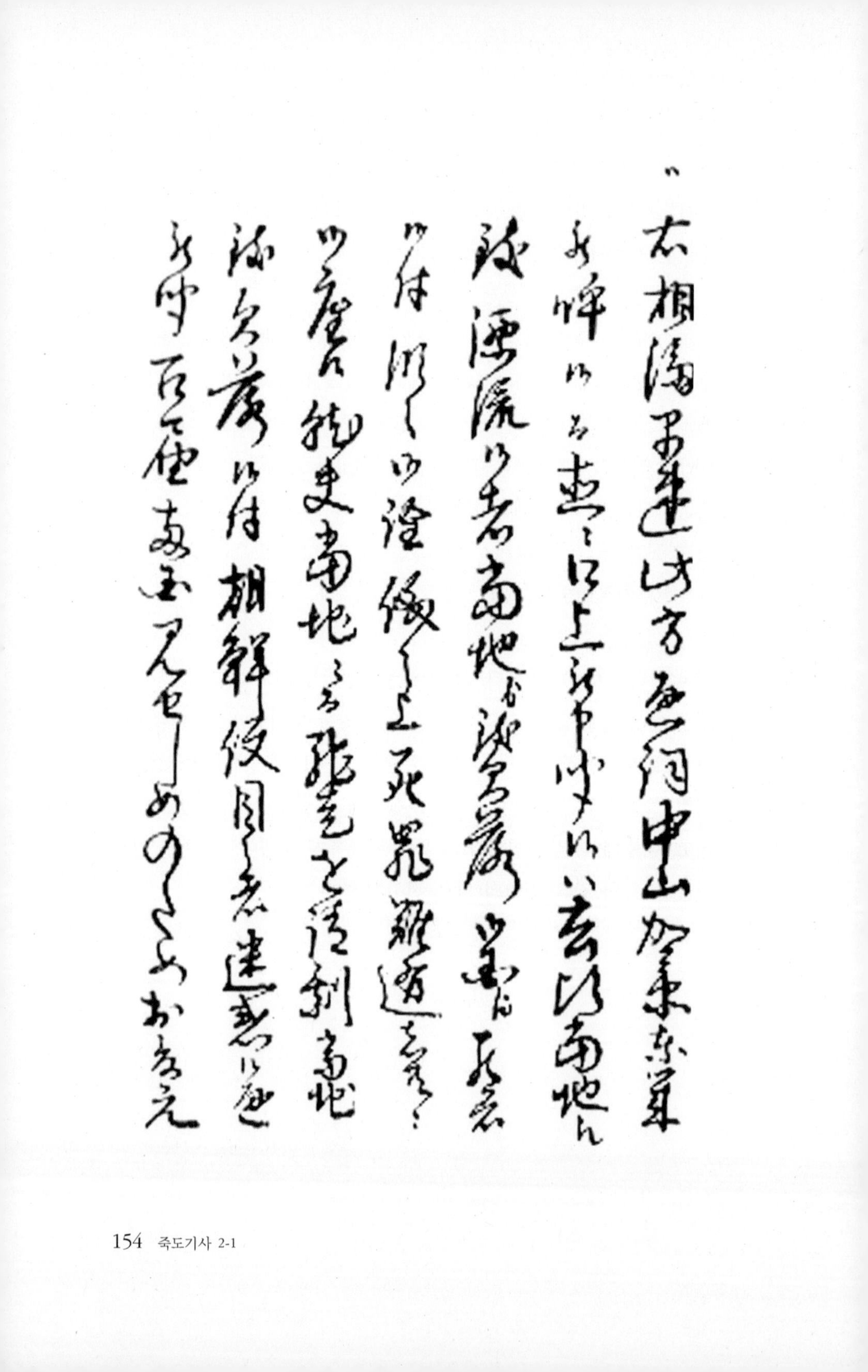

〃右相済早速此方通詞中山加兵衛東莱被呼候而直ニ口上被申聞候ハ
去比当地江致漂流候者当地より致欠落御国江罷着候付段々御詮議
之上死罪難遁者共ニ御座候就夫当地ニ而馳走を請剰当地致欠落候
付朝鮮役目之者迷惑候通被聞召届両国見せしめのため於爰元

〃右[の大庁での対礼が]相済み、早速こちらの通詞中山加兵衛が東
莱府使に呼ばれた。そこで直接、口上を以て申し聞かされたこ
とは、以前、当地へ漂流した者が、当地から欠落(脱走)し御国
(対馬)へ辿り着いたことがあった。その者に就いて[対馬に於い
て]色々と御詮議があり[その評定の結果、実は潜商であったの
で]死罪も遁れ難い者と判断されるに至った。それに就いて[こち
らの考えを述べれば、彼の者は対馬の使者として]当地にて御馳
走を請けていた。それにもかかわらず当地を欠落(脱走)致した。
それによって朝鮮の役目の者たちは迷惑を致した。その通りの
ことを[御国は]お聞き届け下さり、両国[の民へ]の見せしめのた
め[彼の者を]こちらに

〃위[의 대청에서의 예가] 끝나자, 곧 이쪽의 통사 나카야마 카베
에가 동래부사에게 불려갔다. 그리고 직접 구상으로 말씀하신
것은, 이전에 당지에 표류했던 자가, 당지에서 탈주하여 귀국(쓰
시마)에 간 일이 있다. 그 자에 대해 [쓰시마에서] 여러 가지 상
의를 하고 [그 평정의 결과, 실은 잠상이었기 때문에] 사죄를 면
하기 어려운 자로 판단하기에 이르렀다. 그것에 대해 [이쪽의 생
각을 말하자면, 그 자는 쓰시마의 사자로서] 당지에서 치주를 받

고 있었다. 그럼에도 불구하고 당지를 탈주하였다. 그것으로 조
선의 담당자들은 어려움을 겪었다.] 그와 같은 일을 [귀국은] 들
으시고, 양국[의 인민의] 본보기로 보이기 위해 [그 자를] 이쪽으
로

浙罪之任侍脈後感入以藏信之籟卮

都亦為掌光以使之以任吾細以

作仲話御家知男都以以須之藏

以使為入以會做隆之吾更矣以一

中老使曰人之久迁藏中老責此财之

川摩所曰知如之象相原其之

斬罪被仰付段誠感入御誠信之趣具二都江為申登候由被申聞候付委細被
仰聞趣致承知候具二都江御注進被成候由為入御念儀二存候其旨国元江可
申遣由同人を以返答申遣ス此時者訓導卞同知加兵衛二相添来候

移し置き、斬罪と[する御仕置きを]御命じになられた[註2]。誠に感じ
入った次第である。これは両国の間の御誠信のたまものであり、具
に都へ報告を致したいと、そのようなことを申し聞かされた。その
[一連の事情を、こちらに]委細に申されたので、その内容を充分に理
解した。この事を具に都へ御注進に成られるとのことで、念を入れ
て申されていた。それゆえ[こちらも]その旨を国元へ[しっかり]申し
伝えると、同人(中山加兵衛)を以て[東莱府使へ]返答を申しておい
た。このような[話し合いの]時、訓導の卞同知が中山加兵衛に付き
添って[この話し合いの場に臨席して]いた。

이동하여 참죄하게 [하는 조치를] 명하셨다. 섬심에 감동한 일이었다.
이것은 양국 간의 성신의 본보기로, 자세히 도성에 보고하고 싶다고,
그와 같은 일을 말씀하셨다. 그 [일련의 사정을, 이쪽에] 자세히 말씀
하셨기 때문에, 그 내용을 충분히 이해했다. 이 일을 자세히 도성에
주진하겠다는 것으로, 성의 있게 말하고 있었다. 그렇기 때문에 [이쪽
도] 그 뜻을 본국에 [똑바로] 전하겠다고, 동인(나카야마 카베에)을 시
켜 [동래부사에게] 답하여 두었다, 이와 같은 [대화를 할] 때, 훈도 변
동지가 나카야마 카베에를 따라 [이 대화하는 곳에 임석하고] 있었다.

〃接慰官より朴同知を以被申聞候ハ先頃より度々申入候得共無御
　承引候他国之御使者ニ馳走不仕候与申儀無例事ニ候都発足之刻も
　堅く被申聞候宴席ニ付祝儀物ハ五日次物とハ違朝廷より之祝之品ニ
　候へハ各別ニ候間是非御受用候様ニ与

〃[この宴席に於いて]接慰官から朴同知を以て[正官へ、以下のような
　事を]申し伝えて来た。先頃から度々に申し入れていることであるが
　[御馳走をお請け下さることに、まだ正官殿の]御承引が無い。他国の
　御使者に御馳走をしないという例は無い。[接慰官が]都を発足の時に
　も[御使者へは御馳走を行うようにと]堅く命じられていたことであ
　る。宴席に付いて言えば[その折の]祝儀物は[宴席の後]五日て[御使者
　へ渡し置くべきものである。]これは[その後の]次物とは違い、朝廷
　からの[直接の]お祝いの品である。だから格別のものと思って頂かね
　ばならない。だから是非にも御受用なさるよう[正官殿に]お願いす
　る。このように言って

[이 연석에서] 접위관이 박동지를 시켜 [정관에게 이하와 같은 일
을] 말로 전해왔다. 전부터 자주 요구하고 있었던 일이나 [어치주
를 받아주시는 일에, 아직 정관님의] 승인이 없다. 타국의 사자에
게 어치주를 하지 않는다고 하는 예가 없다. [접위관이] 도성을 떠
날 때도 [사자에게는 어치주를 하도록 하라고] 엄히 명받은 일이
다. 연석에 대해서 말하자면 [그때의] 축의물은 [연석 후] 5일에
[사자에게 넘겨주어야 하는 것이다.] 이것은 [그 후의] 물품과는
달리, 조정에서 [직접 보낸] 축하하는 물품이다. 그러므로 각별한
것으로 생각해주지 않으면 안 된다. 그러므로 꼭 수용하실 것을
[정관님에게] 부탁합니다. 이렇게 말하고

目録持来候付被入御念被仰聞候先頃より如申入候心入御座候而御断
申候事ニ御座候ヘハ何ヶ度被仰聞候而も同前之事ニ御座候朝廷より之
御祝儀物御断申候儀者憚ニ存候都之儀者宜被仰登被下候ヘ御祝儀物ハ
接慰官迄致返進候由申遣候ヘハ

[贈答品の]目録を持って来た[(註3)]。そして念を入れ[この御馳走の趣旨
と内容の一つ一つを、こちらに]申し伝えて来た。[そこで、こちらが
答えたことは以下の通りである。]先頃から申し入れて置いたよう
に、こちらにも心入れがあり、御馳走のことは御断りを致してい
る。何度お話し下さっても同じ事である。朝廷からの御祝儀物[で
あっても、やはり]御断りをする[事に変わりは無い。]この事は憚り
があっても、都へは宜しく御報告をなさって頂きたい。御祝儀物に
ついては、接慰官殿の方までお返しを致すと、そのように申し伝え
ておいた。すると、

[증답품의] 목록을 가지고 왔다. 그리고 성의껏 [이 어치주의 취지와
내용 하나하나를 이쪽에] 말로 전해왔다. [그래서 이쪽이 답한 것은
이하와 같다.] 전부터 말해 두었듯이, 이쪽에도 생각하는 일이 있어,
어치주의 일은 사양하고 있다. 몇 번을 말씀하셔도 같은 일이다. 조정
에서 보낸 축의물[이라 해도, 역시] 사양한다는 [것에는 변함이 없다.]
이 일은 어려우시더라도, 도성에는 잘 보고하여 주었으면 한다. 축의
물에 대해서는 접위관님에게 돌려 드린다고, 그처럼 말로 전해두었
다. 그러자

又日人を以て[illegible]
往[illegible]あを[illegible]愛[illegible]
方[illegible]擂[illegible]官方[illegible]
丁[illegible]爛廷[illegible]斗を愛[illegible]
十年[illegible]今[illegible]
な[illegible]延何[illegible]

又同人を以度々申入候得共御合点不被成候祝之物を御受被成間敷と
ハ不宜事ニ候左様候者接慰官方より之目録者差扣可申候間朝廷之斗を
御受用被成候様ニ与申来候付今日者緩々心易可得御意与存候処何とや
ら両国之儀を申詰候様ニ

また同人(朴同知)を以て、度々に申し入れて来た。御合点に成られ
ず、ここで祝いの物を御受け取りに成らなければ[接待の儀が円滑に
執り行われたとは判断されず、この後、御返翰に]宜しからぬ事が起
きる。[そのようなことを接慰官は危惧するという。どうしてもお受
け取りにならないとなれば]接慰官からの目録については[この際、お
渡しを]差し控える。ただ朝廷の品ばかりは[何としても]御受用に成
られる様、お願いする。このように申し伝えてきた。[そこで、また
再び返答した。]今日は緩々と過ごし、心易く[接慰官殿にお目に掛か
り]その御意を得ようとして、やって来た。そのように思っていた処
[あに図らんや、そうではない。]何やら両国の事を議論し[儀礼上の
手続きを済ませてしまおうと]申し詰めて来られたようである。

또 동인(박동지)을 시켜, 자주 요구해 왔다. 납득하지 못하여, 여기서
축하품을 수취하시지 않으면 [접대의례가 원활하게 집행되었다고는
판단되지 않아, 이후, 반한에] 좋지 않은 일이 일어난다. [그와 같은
일을 접위관은 위구한다고 한다. 아무래도 수취하지 않는다면] 접위
관이 보내는 목록에 대해서는 [이번에, 건네는 것을] 삼간다. 다만 조
정의 물품만은 [아무래도] 받으실 것을 부탁한다. 이 같은 말을 전해
왔다. [그래서 또다시 답했다.] 오늘은 여유롭게 지내고, 편하게 [접위

관을 뵙고] 뜻을 얻을 생각으로 왔다. 그렇게 생각하고 있는데 [어찌
생각했겠는가. 그렇지 못했다.] 무엇인가 양국의 일을 의논하여 [의례
상의 일을 마쳐버리려고] 말로 압박해 오시는 것 같다.

度々被仰聞候夫ゞ及事ゞ而無御座候間此儀先御止被成平座被成候へ
緩々可申談旨申遣候処是ゞ而相止九献相済平座候而白木板重置三方抔
出之此内も右馳走之儀朴同知朴僉知を以被申聞候得とも右之格ゞ返答
候而相済

これは[そちらが]これまで度々仰せられて来たことであり[こちらは
お断りをして来たことである。今日は]そのような話題に及ぶ事な
く、ここでは此の事は、先ず以て御止めいただきたい。平座に成っ
て緩々と過ごし[穏やかな]語り合いだけを致したいものである。その
ように申し伝えた処[この話題は]これで中止となった。九献の儀も相
済み、平座になって白木の板を重ね置き、そこに三方などを並べ置
き[互いに飲食し談笑した。]此の間にも右の馳走の事を[なおも]朴同
知、朴僉知を以て[こちらに]申し伝えてきたが、右の規格の通りに返
答し、それで[この日を]終えた。

이것은 [그쪽이] 지금까지 자주 말씀하신 것으로 [이쪽은 사양해온
일이다. 오늘은] 그와 같은 화제를 언급하는 일 없이, 이곳에서는 이
일은, 일단 그만두었으면 한다. 평좌하여 편안히 지내며 [여유롭게]
대화만을 하고 싶은 것이다. 그와 같이 말하여 전했더니 [이 화제는]
그것으로 중지되었다. 9헌의 의례도 끝나, 평좌로 앉아 백목의 판자
를 겹쳐 놓고, 그것에 삼방(상) 등을 늘어놓고 [서로 음식하며 담소했
다.] 이 사이에도 위 치주의 일을 [아직도] 박동지와 박첨지를 시켜
[이쪽에] 말로 전해왔으나, 위의 규격처럼 답하고, 그렇게 [이날을] 마
쳤다.

註1、接待の御断り

多田の頑なな姿勢は崩れない。これは武士としての矜持であろう。自らの基準には厳しいが、その姿勢で外交交渉に当たれば、当然、妥協点を見出すことは困難である。第二次交渉に再び多田を起用したのは、対馬側のミスキャストではなかったか。

접대의 사양

타다의 완고한 자세는 무너지지 않는다. 이것은 무사로서의 긍지일 것이다. 스스로의 기준에는 엄하나, 그 자세로 외교교섭에 임하면 당연히 타협점을 이끌어 내는 일에는 곤란하다. 제2차 교섭에 다시 타다를 기용한 것은 쓰시마 측의 실패였지 않았을까.

註2、朝鮮での斬罪

これは一六八三年(天和三年、粛宗九年)に結ばれた癸亥約条に基づく処理である。ここには密貿易を禁止する項目があり、違反すれば極律(死刑)に処せられた(長正統『路浮税考　粛宗朝癸亥約条の一考察』朝鮮学報、五八輯、一九七一)。ここに語られた斬罪についての具体例は不明であるが、元禄十一年に人参を潜商した町人飯束喜兵衛と白水与兵衛の場合、一旦、対馬に送還し、裁判によって罪科を決定し、再び犯人を朝鮮に送り、朝鮮の地において朝鮮側当局者の立ち合いの下に梟刑を執行した(森克己『近世における対鮮密貿易と対馬藩』史淵、四五号、九州史学会、一九五〇)。

조선의 참죄

이것은 1683(텐나 3, 숙종 9)년에 맺어진 계해약조에 의거하는 처
리였다. 여기에는 밀무역을 금지하는 항목이 있어, 위반하면 극률(사
형)에 처해졌다(장정통『로부세고 숙종조계해약조의 일고찰』조선학
보, 58집, 1971). 이곳에 이야기된 참죄에 대한 구체적인 예는 불명이
나, 겐로쿠 11년에 인삼을 잠상한 정인 이히쓰카 기베에와 시라미즈
요베에의 경우는, 일단 쓰시마에 송환하여, 재판을 거쳐 죄과를 결정
하고, 다시 범인을 조선에 보내, 조선 땅에서 조선 측 당국자의 입회
하에 효형을 집행했다(모리 카쓰미『근세의 대선밀무역과 쓰시마한』
사연, 45호, 큐우슈우사학회, 1950).

註 3、目録の持参

多田の頑なな態度と、その厳格な基準に比べ、兪集一の対応には
融通性がある。歓談の機会を捉え、何とか馳走を受け取らせようと
する。相手の主張を突き崩し、何とか自分の交渉の土俵に引き入れ
ようと、手を換え、品を換え、話を繋いでくる。ここには外交交渉
における巧みさが見てとれる。

목록의 지참

타다의 완고한 태도와 그 엄격한 기준에 비해 유집일의 대응에는
융통성이 있다. 환담의 기회를 잡아 어떻게든 치주를 수취하게 하려
고 한다. 상대의 주장을 무너뜨려, 어떻게든 자기의 교섭 무대에 올리
려고 수단을 바꾸고, 물품을 바꾸어, 이야기를 걸어온다. 여기서는 외
교교섭의 치밀함을 엿볼 수 있다.

三方(さんぼう、さんぽう)

　神道の神事において使われる、神饌を載せるための台である。古代には，高貴な人物に物を献上する際にも使用された。寺院でも同様のものが使われるが、三宝(仏・法・僧)にかけて三宝(さんぽう)と書かれることもある。

삼방(산보우, 산포우)

　신도의 의례에서 사용하는, 신찬을 올리기 위한 상이다. 고대에는 고귀한 인물에게 물건을 바칠 때에도 사용했다. 사원에서도 같은 것이 사용되고 있는데, 불법승의 삼보를 의미하여 삼보라고 기록하는 일도 있다.

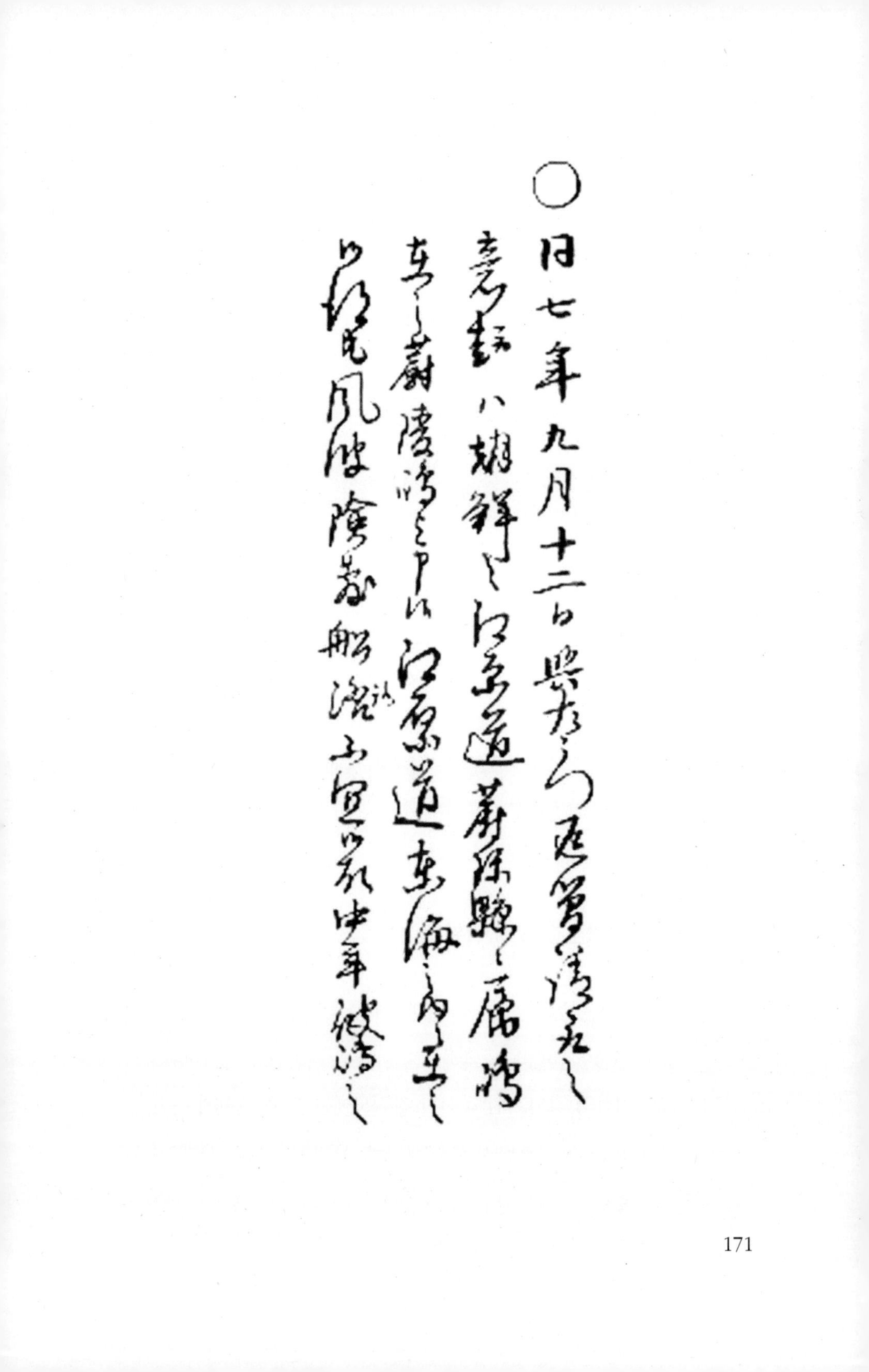

○日七年九月十二日興〔…〕

〔草書、判読困難〕

【大綱二四段(元禄七年九月②)】

(24-00)

○ 同七年九月十二日与左衛門返簡請取之意趣ハ朝鮮之江原道蔚珍
県ニ属嶋在之蔚陵嶋与申候江原道東海之内ニ在之候得共風波険敷
船路不冝候故中年彼嶋之

【大綱二四段(元禄七年九月②)】

(24-00)

○ 元禄七年九月十二日、与左衛門は返簡を請け取った。その返簡
の内容は[以下の通りである。すなわち]朝鮮の江原道には、そ
の蔚珍県に属する島が在る。蔚陵嶋と申す島である。江原道の
東海の内に在るが、風波険しく[そこへ辿る]船路は困難であ
る。そこで[大昔ではなく]中昔の頃、その年月の頃に、彼の島の

【대강 24단(겐로쿠 7년 9월 ②)】

(24-00)

○ 겐로쿠 7년 9월 12일에 요자에몬은 반답을 수취했다. 그 반답의
내용은 [이하와 같다. 즉] 조선의 강원도에는 그 울진현에 속하
는 섬이 있다. 울릉도라고 하는 섬이다. 강원도의 동해 안에 있

으나 풍파가 험하여 [그곳에 가는] 항로는 곤란하다. 그래서 [아
주 오랜 옛날이 아니라] 조금 오래전부터, 그 연월 경에, 그 섬의

民を外江移し空地ニ仕置時々官人を遣し彼嶋を検分致させ候蔚陵嶋之山々峯々樹木等迄地方より相見江山川土地之広狭并民居之旧跡土産之品等迄我国輿地勝覧之書ニ載セ之代々相伝事跡明白ニ在之候只今我国海辺之漁民其嶋江罷越候所不存寄貴国之人犯越いたし居候所江行逢却而二人を被捕江戸へ被差越候所幸ニ貴国大君之御明察を蒙り以御馳走御送還

民を外に移し、島を空虚の地にして置くことにした。時々官人を派遣し、彼の島を検分させていた。その蔚陵嶋の山々や峯々とは、また樹木等に至る迄[江原道の海浜の]地方から、見ることができる程の[距離の]ものである。島の山川、土地の広狭、ならびに民居の旧跡、土産の品など迄も[よく知られたもので]我が国の輿地勝覧の書に載せてある。[そのような島の情報は]代々に相伝され、その[ような島への往復の]跡も明白である。今回、我が国の海辺の漁民が、そのような島へ罷り越していった所、思いも寄らず貴国の人が犯越し、この島に[渡っていた。それゆえ、その]居る場所に行き逢ってしまった。[その犯越の貴国の人に]却って[我が漁民の内の]二人が捕らえられ、江戸へ差し出されてしまった。そのような[事情にある]所に、幸いにも貴国の大君の御明察を蒙り[二人は]御馳走を以て[遇され]御送還を

인민을 밖으로 옮겨, 섬을 공허의 땅으로 해 두기로 했다. 때때로 관인을 파견하여 그 섬을 검사시키고 있었다. 그 울릉도의 산들이나 봉우리들은, 또 수목 등에 이르기까지 [강원도 해변의] 지방에서 볼 수가 있을 정도 [거리의] 것이다. 섬의 산천, 토지의 광협, 그리고 민거의 구

적, 토산의 산물 등마저도 [잘 알려진 일로] 우리나라의 여지승람이라
는 책에 실려 있다. [그와 같은 섬의 정보는] 대대로 전해져, 그[러한
섬에 왕복한] 흔적도 명백하다. 이번에 우리나라 해변의 어민이 그 같
은 섬에 넘어갔을 때, 생각지도 못한 귀국인이 범월하여, 이 섬에 [건
너와 있었다. 그렇기 때문에 그] 장소에서 만나고 말았다. [그 범월한
귀국인에게] 오히려 [우리 어민 중] 두 사람이 붙잡혀, 에도에 끌려가
고 말았다. 그와 같은 [사건이 있었는]데, 다행히도 귀국의 대군이 명
찰한 덕택으로 [두 사람은] 어치주를 받는 [대우를 받으며] 송환을

被下御隣交之御丁寧尋常之儀ニ無之段誠以感心仕候扨右我国之漁民罷
越候地者元来蔚陵嶋与申嶋ニ而竹多く在之候故或ハ竹嶋とも唱一嶋ニ
而二ツ之名御座候一嶋二名之次第我国之書籍ニ記し候のミニ無之貴国
之人も皆存知たる事ニ候所此度之御書簡ニ竹嶋を貴国之地与思召我国
之漁民彼嶋江参り候儀を禁制いたし候様ニ与被仰下貴国之人猥りニ

赦された。御隣交のゆえに御丁寧な計らいとなった。これは尋常の
事ではない。誠に以て感心を仕った。さて右の我が国の漁民が罷り
越した地は、元来が蔚陵嶋と申す島で、竹を多く産するがため、或
いは竹嶋とも唱える島である。すなわち一嶋であるが二つの名を持
つ島である。この一嶋二名の次第は、我が国の書籍に記すばかりで
無く、貴国の人も皆承知している事実である。この度の御書簡に、
竹嶋を貴国の地とお考えになり、我が国の漁民が彼の島へ渡り参る
ことを、禁制に致すべしと[御使者を以て]お申し出になられた。貴国
の人が猥りに

허가하셨다. 린교를 위한 정중한 배려였다. 이것은 보통 일이 아니다.
성심에 감동했다. 그런데 위의 우리나라 어민이 넘어간 땅은 원래 울
릉도라는 섬으로, 대가 많이 나기 때문에, 죽도라고도 말하는 섬이다.
즉 하나의 섬이면서 두 개의 이름을 가진 섬이다. 이 일도 이명의 사
실은 우리나라 서적에 기록되었을 뿐만이 아니라, 귀국인들도 모두
알고 있는 사실이다. 이번의 서간에 죽도를 귀국의 땅이라고 생각하
시고, 우리나라 어민이 그 섬에 건너가는 것을 금제해야 한다고 [사
자를 통해] 말씀하셨다. 귀국인이 함부로

我西之境，已花（？）一軍之，令之捕得□□□
□□□□用以□行之道之□□□□□□
□□□□□□其上□□之滿□
□□以□□以其□之□陵□
□□市□之作□毒□之樊□□□
□住以□□□□以□□詩曹□□
□□□事□□全山□中至運

我国之境を犯し我国之人を捕^江候不調法を被差置候段御誠信之道を被
欠たる御事候此等之趣江戸表^江被仰上貴国之海辺^江厳敷御触レ被成以
来貴国之人蔚陵嶋^江罷越不申様被仰付両国間之弊端出来不仕候様ニ被
成被下候様ニ与之趣礼曹参判参議東莱釜山より申来也

我国の境を犯し、我が国の人を捕えるような不調法を行ったことを
差し置いて[このような申し出をなさるとは、まさに]御誠信の道に欠
けた事と言わざるを得ない。これらの趣旨を江戸表へ御報告して頂
き、貴国の海辺へ厳しい御触れを出して頂きたい。以後、貴国の人
が[我が国の]蔚陵嶋へ罷り越さぬよう[しっかりと]御命じになって頂
きたい。そうすれば両国間の弊害となるような紛争は、その発端も
発生しないであろう。そう成るよう[江戸から御命令が]下されるよう
にと[この度]そのような趣旨が[あちらの]礼曹参判、参議、東莱府使
および釜山僉使から[こちらに]伝えられた。

우리나라의 경계를 범하여, 우리나라 사람을 붙잡는 것과 같은 무례
를 행한 것을 제쳐두고 [이와 같은 요구를 한다는 것은, 그야말로] 성
신의 도에 어긋난 일이라고 말하지 않을 수 없다. 이러한 취지를 에
도에 보고하여, 귀국 해변에 엄한 명령을 내려 주었으면 한다. 그렇게
하면 양국 간의 폐단이 되는 분쟁은, 그 발단을 발생하지 않을 것이
다. 그렇게 될 수 있도록 [에도에서 명령을] 내리게 해달라고 [이번에]
그와 같은 취지를 [저쪽] 예조참판, 참의, 동래부사 및 부산첨사가 [이
쪽에] 전해주었다.

朝鮮國禮曹參議李　畬　奉復

日本國對馬州　太守平公　閤下

槎使歸來

惠翰隨至　良風慰於荷入樂邦　江原道　蔚珍縣　有竹島

名曰蔚陵　在本縣東海中　而風濤危險　船路無便

故中年移其民空其地　而時遣公差　往來搜撿

本島峯巒樹木自陸地歷歷望見　而凡其山川　紆

(24-01)

〝礼曹参判参議東釜返簡之写左記之

朝鮮国礼曹参判李　睟　奉復ス二

日本国対馬州太守平公ノ　閣下二＿

槎便鼎サ二来リ

恵翰随至ル良二用テ慰荷ス弊邦江原道蔚珎県二有リ二属島＿

名テ曰ク二蔚陵ト＿在二本県ノ東海中二＿而風涛危険船路無便ノ

故二中年移シ二其ノ民ヲ＿空シテ二其ノ地ヲ＿而時二遣テ二公差ヲ＿徃来捜検ス矣

本島ノ峯巒樹木自リ二陸地歴々トシテ望ミ見ル而凡其山川ノ紆

(24-01)

〝礼曹参判参議東釜返簡之写左記之

礼曹参判の書簡

[真文]

朝鮮国礼曹参判李睟奉復

日本国対馬州太守平公閣下

槎便鼎来

恵翰随至良用慰荷弊邦江原道蔚珎県有属島

名曰蔚陵在本県東海中而風涛危険船路無便

故中年移其民空其地而時遣公差徃来捜検矣

本島峯巒樹木自陸地歴々望見而凡其山川紆

[読み下し文]

(24-01)

〃礼曹参判と参議、そして東莱府使および釜山僉使からの返翰の
　写しを、左に記す。

朝鮮国礼曹参判の李畛が、日本国対馬州の太守、平公の閤下に、復た書を奉る。槎使(大差使)鼎に来り、恵翰随い至る。良に用いて慰荷す。弊邦の江原道の蔚珍県に属島有り、名づけて蔚陵と曰う。本県の東海中に在り、風涛の危険あり、船路に便り無し。故に中年、其の民を移し、其の地を空とす。而して時に公差(公的使者)を遣して徃来捜検す。本島の峯巒(峯々)の樹木、陸地より歴々として望み見る。而して凡そ其の山川の紆曲、

[現代語訳]

(24-01)

〃礼曹参判と参議、そして東莱府使および釜山僉使からの返翰の
　写しを、左に記す。

朝鮮国の礼曹参判である李畛が、日本国対馬州の太守である平公の閤下に、復た書を奉る。こちらに大差使を派遣なされ、御恵送の御書簡を持参なされた。まことを示し伝えるためで、まさに慰問の荷となった。さて、我が国の江原道の蔚珍県には所属する島が有る。その島の名は蔚陵嶋と言う。この蔚珍県の東方、その海中に在る。島

に渡ろうとすれば、風涛による危険があり、船で通うことができない。ゆえに中昔の頃、その民を本土に移し、その地を空虚にした。そして時々、検察官を派遣し、密かに島を往来するような輩が居ないか、島を捜索し探検して来た。この島の峯々の樹木は、本土側から、歴然と望み見ることができる。それゆえこの島の事については、凡そ、よく知られており、その山川の紆

(24-01)

〃 예조참판과 참의, 그리고 동래부사 및 부산첨사가 보낸 서한의
　사본을 아래에 기록한다.

조선국 예조참판인 이여가 일본국 쓰시마슈우 태수인 타이라공 합하에게 다시 서를 바친다. 이쪽에 대차사를 파견하시어 혜송의 서간을 지참하셨다. 진심을 전하였기에 참으로 위문이 되었다. 그런데 우리나라 강원도 울진현에 소속하는 섬이 있다. 그 섬의 이름은 울릉도라 한다. 이 울진현의 동방, 그 해중에 있다. 섬에 건너가려면, 풍도에 의한 위험이 있어 배로 왕래하는 일을 할 수 없다. 그레서 중석의 무렵 (태종)에 그곳의 인민을 본토로 옮겨, 그 땅을 공허로 했다. 그리고 때때로 검찰관을 파견하여, 몰래 섬에 왕래하는 자들이 없는가 하고, 섬을 탐검해 왔다. 이 섬 봉우리들의 수목은 본토 측에서 역연히 볼 수가 있다. 그렇기 때문에 섬에 대한 일은 모두 잘 알려져 있고, 그 산천이 얽혀 구부러진

曲地形濶狹民居遠近土物所産俱載於我

國輿地勝覽書歷代相傳事跡照然今者

國海邊漁眠徃于其島而不憖

貴國之人自為犯越與之相值乃次洵執眠轉到

江戶辛蒙

貴國

大君明察事情

優加資遺此可見柔隣之情出於尋常敦數

高義感激何言雖然我眠漁採之地本是蔚陵島

曲地形ノ濶狹民居ノ遺址土物ノ所レ産スル俱ニ載スニ於我カ

国輿地勝覽ノ書ニ歴代相伝テ事跡照然タリ今マ者我カ

国海邉ノ漁珉徃クニ于其島ニ而不ルニレ意ハ

貴国ノ之人自為シニ犯越ヲ与レ之相値フ乃反テ拘執シテニ珉ヲ転到スニ

江戸ニ幸ニ蒙ト

貴国

大君明カニ察シニ事情ヲ

優カニ加ルコトヲ甘資遣ヲ上此レ可レ見ニ交隣ノ之情出ルコトヲ於尋常ニ欽テ歎スニ

高義ヲ感激何ソ言ン雖レ然リト我カ珉漁採ノ之地本是レ蔚陵島ニシテ

曲地形濶狹民居遺址土物所産俱載於我

国輿地勝覽書歴代相伝事跡照然今者我

国海邉漁珉徃于其島而不意

貴国之人自為犯越与之相値乃反拘執二珉転到

江戸幸蒙

貴国

大君明察事情

優加資遣此可見交隣之情出於尋常欽歎

高義感激何言雖然我珉漁採之地本是蔚陵島

紆曲、地形の濶狹、民居の遺址、土物の産する所、俱に我が国の輿
地勝覽の書に載す。歴代相伝いて事跡照然たり。今、我が国の海邉
の漁の珉、其の島に徃く。而して意はざるに貴国の人、自ら犯越を

為し、これと相値ふ。乃ち反って二氓を拘執して、江戸に転到す。幸に貴国の大君、明かに事情を察し、優に資を遣わし加うる事を蒙る。此れ交隣の情に尋常に出ることを見るべし。欽みて高義を歎ず。感激何をか言わん。然りと雖も我が氓、漁採の地、本是れ蔚陵島にして、

紆曲、地形の濶狭、民居の遺址、土物の産する所、等々は、ともに我が国の興地勝覧という書物に載っている。そのような知見は代々に伝えられていて、その事跡は明白である。今、我が国の海辺の漁民は、その生業のため、この島を往復していた。そこで図らずも貴国の人と遭遇した。貴国の人は、自らが国禁を犯し国の境を越え、この島にやって来たのに、返って我が国の二人の民を捕らえ、拘禁して連れ帰り、江戸へ転送した。幸いに貴国の大君が、この間の事情を明らかに察し、優しく資糧を遣わし、保護を加え、二人は帰国の恩恵を蒙ることができた。これは交隣の情に基づくもので、それが普通のように行われた事を、よく知っておくべきである。謹んで、その高大な義の成就を感嘆する。その感激については言うべき言葉も無い。そうではあるが我が国の漁民が、そもそも漁採していたという地は、元来、我が国の言う蔚陵嶋である。

지형의 넓고 좁음, 민간이 산 유적지, 토산물의 생산 상황 등등 모두가, 우리나라의 여지승람이라는 서물에 실려 있다. 그와 같은 지견은 대대로 전해오고 있어, 그 사적이 명백하다. 지금 우리나라 해변에 사

는 어민은 생업을 위해 이 섬에 왕복하고 있다. 그러다 뜻하지 않게
귀국인과 조우했다. 귀국인은 스스로가 국금을 범하고 국경을 넘어
서, 이 섬에 왔으면서, 오히려 우리나라의 두 인민을 붙잡아 구금하여
끌고 가서, 에도에 전송했다. 다행히 귀국의 대군이 이것에 대한 사정
을 분명히 살피고, 친절하게 자재와 식량을 주어 보호하여, 두 사람은
귀국하는 은혜를 입을 수 있었다. 이것은 교린의 정에 근거하는 것으
로, 그것이 보통 일처럼 이루어진 것을, 잘 알아두어야 한다. 삼가 그
고대한 뜻이 이루어진 것을 감탄한다. 그 감격에 대해서는 표현할 말
이 없을 정도이다. 그렇다고는 하나 우리나라 어민이, 어채하고 있었
다는 땅은 원래 우리나라에서 말하는 울릉도이다.

而以其產竹、或稱竹島、此乃一島而二名也。一島二名之狀、非徒我圖書籍之所記、貴州人亦皆知之。而今此来書中、乃以竹島爲貴國地方、欲令我國禁漁船、更徙而不論、貴國人侵越我境、執我氓之失、豈不有欠於誠信之道乎。深望將此辭意、轉報。

而以テ二其産一レ竹ヲ或ハ称ス二竹島ト一此レ乃一島ニシテ而二名アル之也一島ノ
二名ノ之状
非二徒ニ我カ
国書籍ノ之所ノミニ一レ記スル
貴州ノ人亦皆知ルレ之ヲ而カ今此ノ
来書ノ中乃以二竹島ヲ一為二
貴国ノ地方ト一欲シレ令シテシメントレ下我カ
国ヲ禁中止漁船ノ更ニ徃クコトヲ上而不レ論下
貴国ノ人侵渉シ二我境ヲ一拘執スルノ二我氓ヲ一之失ヲ上豈ニ不ヤレ有レ欠クコト二於
誠信ノ之道ヲ一乎深ク望ラクハ将二此ノ辞意ヲ一転報シ二

而以其産竹或称竹島此乃一島而二名也一島二名之状
非徒我
国書籍之所記
貴州人亦皆知之而今此
来書中乃以竹島為
貴国地方欲令我
国禁止漁船更徃而不論
貴国人侵渉我境拘執我氓之失豈不有欠於誠
信之道乎深望将此辞意転報

其の竹を産するを以て、或は竹島と称す。此れ乃ち一島にして二名
ある也。一島二名の状、徒に我が国の書籍の記する所のみに非ず。

貴州の人亦皆これを知る。而して今此の来書の中、乃ち竹島を以て貴国の地方と為し、我が国をして、漁船の更に徃くことを禁止せしめんと欲し、貴国の人、我が境を侵渉し、我が氓を拘執するの失を論ぜず。豈に誠信の道を欠くこと有らざらんや。深く望むらくは、此の辞意を将て、

その島が竹を産する理由から、或いは竹嶋とも称されてきた島である。つまり一島であるが、これに二つの名があるという島である。この一島二名の状態にある島ということは、ただむやみに我が国の書籍にだけ、これが記されていると言うものでは無い。貴州の人もまた、この事実を知っている。しかしながら今この使者が持ち来たった書簡の内容は、竹島を貴国の領域内にある地方に確定し、我が国に対し、こちらの海辺の民が漁船で島に、今後往来する事を禁止させようとする。貴国の人が我が国の境を侵渉し、我が国の民を拘執する失態を議論しようとはしない。これはまさに誠信の道を欠くと言うことでは無いか。ここで深く思い、望むところは、この書簡の言葉を、その有りの侭に

그 섬이 대를 생산하는 이유로, 혹은 죽도라고도 불려져 온 섬이다. 즉 하나의 섬이면서, 이것에 두 개의 이름이 있다는 섬이다. 이 일도 이명의 상태에 있는 섬이라고 하는 것은, 그저 어쩌다 우리나라의 서적에만, 이것이 기록되어 있는 것이 아니다. 귀주의 사람들도 역시, 이 사실을 알고 있다. 그러면서도 지금 사자가 가지고 온 서간의 내

용은, 죽도를 귀국의 영역 내에 있는 지방으로 확정하고, 우리나라에
대해, 우리쪽 해변의 어민이 어선으로 섬에, 금후로 왕래하는 일을 금
지시키도록 하라고 한다. 귀국인이 우리나라 국경을 침범하여, 우리
나라 인민을 구집하는 실태를 논의하려고는 하지 않는다. 이것은 그
야말로 성신의 도를 어기는 일이라고 말할 일이 아닌가. 여기서 깊이
생각하고 원하는 것은, 이 서간의 말을, 있는 그대로

東武申飭

貴國邊海之人與令弟采於蔚陵島更致惹事端之意起

其於相好之誼不勝幸甚

佳既領謝尊物備領統惟

照亮不宣

甲戌年九月　日

禮曹參判李　會

東武ニ申飭シニ
貴国邊海ノ之人ニ無クンハ下令シメテレ徃来セニ於蔚陵島ニ更ニ致スコト中事端ノ
之惹キ起スコトヲ上
其レ於ニ相好ノ之誼ニ不シレ勝ニ幸甚ニ
佳貺領謝薄物侑クレ緘ヲ統テ惟クハ
照亮セヨ不宣
甲戌年九月　日
礼曹参判李　畇

東武申飭
貴国邊海之人無令徃来於蔚陵島更致事端之惹起
其於相好之誼不勝幸甚
佳貺領謝薄物侑緘統惟
照亮不宣
甲戌年九月　日
礼曹参判　李畇

東武に転報し、

貴国邊海の人に申飭し、蔚陵島に徃来せしめて、更に事端の惹き起
すことを致すこと無くんば、其れ相好の誼に於いて、幸甚に勝ざらん。
佳貺、領謝、薄物緘を侑く。統て惟くば

照亮せよ、不宣
甲戌年九月　日

礼曹参判 李畬

東武に転報し、貴国辺海の人々に厳しく申し付け、蔚陵島への往来を、今後、許さないようにしていただきたい。それによって紛争の発端を惹き起すことの無いようにしていただきたい。そうなれば、それは両国の友好、友誼にとって、大いに役立つことであり、幸甚である。ここに結構な贈り物をいただいた事を大いに謝す。その薄物の品々は、御恵送の御書簡にある誠意を、大いに助けるものである。ここに記した文意が統て明確に了解されることを、ただ願うばかりである。思いを充分には宣べ得ないで終わってしまったが、了とせられたい。

甲戌年九月　日

礼曹参判 李畬

동무에 전보하여, 귀국 해변의 사람들에게 엄히 명령하여, 울릉도에 왕래하는 것을, 금후로 허가하지 않도록 하여주었으면 한다. 그것으로 분쟁의 발단을 불러일으키는 일이 없도록 해주었으면 한다. 그렇게 되면, 그것은 양국의 우호, 우의에 있어 크게 도움이 되는 일로, 크게 다행스러운 일이다. 여기에 좋은 증물을 받은 것을 크게 감사한다. 그 박물의 물품들은 혜송의 서간에 있는 성의를, 크게 도와주는 것이다. 여기에 기록한 문의 전부가 명확히 이해될 것을, 그저 원할 뿐이다. 생각을 충분히는 말하지 못하고 끝나버렸으나, 이해하여 주기를 바란다.

갑술년 9월 일

예조참판 이여

朝鮮國禮曹参議金 洪福 奉復

日本國對馬州 太守平公 閣下

風飄渡海

惠札鄭重備審

興居良用慰荷蔚陵一島近在海東旱自三韓係

於我邦地方之淵狹水路之遠近其他土地物産

朝鮮国礼曹参議金　洪福　奉復^ス＿^ニ

日本国対馬州太守平公^ノ　閣下＿^ニ

風飀渡^{ルレ}海^ヲ

恵札鄭重備^ニ審^{ニシ}＿

興居^ヲ＿良^ニ用^テ慰荷^ス蔚陵^ノ一島近^ク在^リ＿海東^ニ＿粤^ニ自^リ＿三韓＿係^ル＿

於我邦^ニ＿地方^ノ之濶狭水路^ノ之遠近其^ノ他^ノ土地物産

礼曹参議の書簡

[真文]

朝鮮国礼曹参議金洪福奉復

日本国対馬州太守平公閣下

風飀渡海恵札鄭重備審

興居良用慰荷蔚陵一島近在海東粤自三韓係

於我邦地方之濶狭水路之遠近其他土地物産

　　[読み下し文]

朝鮮国礼曹参議の金洪福が、日本国対馬州の太守、平公の閣下に、

復た書を奉る。風飀、海を渡り、恵札は鄭重にして備に興居を審に

し、良に用いて慰荷す。蔚陵の一島、海東に近く在り、粤に三韓よ

り我邦に係る。地方の濶狭、水路の遠近、其の他の土地物産、

[現代語訳]

朝鮮国の礼曹参議たる金洪福が、日本国の対馬州の太守たる平公の閣下に、復た書を奉る。御使者の帆船は風を受け、速やかに海を渡った。御恵送の御書簡は鄭重で、つぶさにその始まりから経緯についてを明らかにし、まことを用いて到来した。まさに慰問の荷となった。さて蔚陵嶋という一島が[我が国の江原道に]近く、その海東に在る。三韓の時代から我が国に[深く]係わっている。その地方の濶狭、水路の遠近、その他、土地物産など様々な事が、

조선국 예조참판 김홍복이 일본국 쓰시마슈우 태수인 타이라공 합하에게, 다시 서를 바친다. 사자의 배는 바람을 받아 빠르게 바다를 건넜다. 혜송의 서간은 정중하고, 자세하게 그 처음부터의 경위에 대해 분명히 하여, 진심을 담고 도래했다. 그야말로 위문의 것이 되었다. 그런데 울릉도라고 하는 일도가 [우리나라의 강원도에] 가까운, 그 동해에 있다. 삼한시대부터 우리나라와 [깊게] 연관되어 있다. 그 지방의 넓고 좁음, 수로의 원근, 그 외의, 토지 산물 등 여러 가지 일이,

詳載於我。

國輿地書而島多竹林故或以竹島名之至于中年
以其海路危險末鶪場行船刷出居民空其土地排令海
郡蓋价徃審采金若沿海民人等擄丁其島不宜與
貴國人相值反被拘執尉陵既是我境則我民之來往固

詳ニ載スニ於我カ

国興地ノ書ニ而島多シニ竹林故ニ或ハ以テニ竹島ヲ名クレ之至テニ于中年ニ

以下其ノ海路危険ニシテ未タルヲ上レ易ラレ行ク船ヲ刷ニ出居民ヲ空シニ其ノ土

地ヲ時ニ令シメムニ海

郡ノ差价徃テ審ニセ上矣今マ者沿海ノ民人等採シニ于其ノ島ニ不ルニレ意ハ与ニ

貴国ノ人ニ相値反テ被レ拘執セ蔚陵既是レ我カ境ナルトキハ則我カ民ノ之来徃

固ニ

詳載於我

国興地書而島多竹林故或以竹島名之至于中年

以其海路危険未易行船刷出居民空其土地時令海

郡差价徃審矣今者沿海民人等採于其島不意与

貴国人相値反被拘執蔚陵既是我境則我民之来徃固

詳に我が国の興地の書に載す。而して島に竹林の多し。故に或は竹
島を以て、これに名づく。中年に至りて、其の海路の危険にして、
未だ船を行くに易からざるを以て、居民を刷出し、其の土地を空に
し、時に海郡の差价をして徃て審にせしめん。今は沿海の民人等、
其の島に採し、意はざるに貴国の人と相値い、反って拘執せられ、
蔚陵既に是れ我が境なるときは、則ち我が民の来徃、固り

詳細に我が国の興地勝覧という書物に載っている。そして島には竹林が多い。それゆえ、或いは竹島と言う島名を、この島に名付けたのかもしれない。中昔の頃に至り、その海路が危険に満ち溢れ、船の往来が困難であるとの理由を以て、島に居留する民を全て刷出し、その土地を空虚にしておいた。ただ時々、海郡の使者を派遣し、島を審検させていた。今は沿海の民人等が、その島において漁採を行っている。そのような中で思わぬ事態が沸き起こった。我が国の漁民が、この島で貴国の人と遭遇し、反って拘留されてしまったという出来事である。蔚陵嶋と言うのは、以前から、これは我が境域内に在る島である。すなわち我が民の往来は、当然の事ながら支障の無いもので、

자세히 우리나라의 여지승람이라는 서물에 실려 있다. 그리고 섬에는 죽림이 많다. 그렇기 때문에 죽도라고 하는 도명을, 이 섬에 붙였는지도 모른다. 중석의 무렵에 이르러, 그 해로에 위험이 많아, 배의 왕래가 곤란하다는 것을 이유로, 섬에 거류하는 인민 모두를 쇄출하여, 그 땅을 공허의 땅으로 해두었다. 다만 가끔 해당군의 사자를 파견하여 섬을 검색시키고 있었다. 지금은 연해의 인민들이 그 섬에서 어채를 행하고 있다. 그와 같은 상황에서 생각지도 못한 사태가 돌발했다. 우리나라 어민이 이 섬에서 귀국인들과 조우했는데, 오히려 구집 되고 말았다는 사건이다. 울릉도라는 것은 이전부터 우리나라 경역 안에 있는 섬이다. 즉 우리 인민의 왕래는 당연한 일로 지장이 없는 일로,

其所也而

貴國人之撥越我境不顧禁制豈堂非有見於各慎對

疆之道耶案蒙

貴大君曲察事情

優恤殘氓周給行資

命价護送可見陸好之詎久而彌篤一謝一感欽帛

高義惟冀將此辞意轉達

江戸貴國濱海人等處

其ノ所ナリ也而シテ

貴国ノ人ノ之擾越シテ二我境ニ不ルレ顧ニ禁制ヲ者ノ豈ニ非スヤレ有ルニレ欠クコト下

於各々慎ムノ二封

疆ヲ一之道ヲ上耶幸ニ蒙ルレ下

貴大君曲サニ察シレ事情ヲ

優恤シ二残氓ヲ一周ク給シ二行資ヲ一

命シテレ价ニ護送スルコトヲ上可レ見ツ二隣交ノ之誼久シテ而弥々篤キコトヲ一一謝

一感欽テ昂ク二

高義ヲ一惟冀クハ将テ二此ノ辞意ヲ一転達シ二

江戸ニ一貴国浜海ノ人等ノ処

其所也而

貴国人之擾越我境不顧禁制者豈非有欠於各慎封

疆之道耶幸蒙

貴大君曲察事情

残氓周給行資

護送可見隣交之誼久而弥篤一謝一感欽昂

惟冀将此辞意転達

江戸貴国浜海人等処

其の所なり。而して貴国の人の我が境に擾越して、禁制を顧みざる
もの、豈に各々に於いて封疆を慎むの道を欠くこと有るに非ずや。
幸いに貴大君が曲さに事情を察し、残る氓を優恤し、周く行資を給

し、价に命じて護送することを蒙る。隣交の誼（よしみ）の久しくして、いよ
いよ篤きことを見るべし。一謝一感、欽（つつし）みて高義を昂（あお）ぐ。惟冀く
ば此の辞意を将（ひき）いて、江戸に転達し、貴国浜海の人等の処別（しょべつ）に

この島はそのような場所である。これに対し貴国の人は、我が国の
境域を乱し、この島に越境していた。それは渡海の禁制を顧みない
ものである。どうして各々に於いて、この封土境域を守ることがで
きないのであろうか、慎みの道を欠くことになるのではないか。幸
いに貴国の大君が、つぶさに事情を察し、この日本に残置された民
を優しく憐れみ下さった。漏れ無く行路の資糧を給して下さり、使
者に命じて護送と言う事になり、無事の帰国を蒙る事になった。こ
の隣交の誼は年久しく続き、いよいよ篤い。その素晴らしさに気付
くべきである。このことを、ひたすら謝し、ひたすら感じ入る。こ
こに謹んで大君の御高大な義を仰ぎ奉る。ただ願う事は、この書簡
の言葉を、そのまま江戸に転達し、

이 섬은 그 같은 장소이다. 이것에 대해 귀국인은 우리나라 경역을 어
지럽히고, 이 섬으로 월경하였다. 그것은 도해의 제금을 되돌아보지
않는 일이다. 어째서 각자가, 이 봉토경역을 지키는 일을 하지 못하겠
는가, 삼가하는 도를 상실한 것이 아닌가. 다행히 귀국의 대군이 자세
히 사정을 살피고, 일본에 남겨진 인민을 친절히 돌보아 주셨다. 부족
하지 않게 행로의 물자와 양식을 내려주시고, 사자를 명하여 호송하는
일이 되어, 무사히 귀국할 수 있게 되었다. 이 인교의 의는 오래 지속
되어 아주 두텁다. 그 훌륭함을 잘 알아야 한다. 이 일을 한결같이 감

사하고, 한결같이 감동한다. 여기서 삼가 대군의 고대한 뜻을 우러러
본다. 다만 원하는 것은 이 서간의 말을 그대로 에도에 전달하여.

另於中節謹守約條 更無似步之弊 千萬幸甚

菲品靴表遠忱

珎既多謝

咸養肅此不宣

甲戌年九月　日

禮曹參議金　洪福

另ニ加ヘニ申飭ヲ謹テ守リニ約条ヲ更ニ無クンハニ浸渉ノ之弊ヘ千万幸甚ナラン
菲品聊カ表スレ遠忱
珎貺多ク謝スニ
盛眷ヲ粛此不宣
甲戌年九月 日
礼曹参議金 洪福

另加申飭謹守約条更無浸渉之弊千万幸甚
菲品聊表遠忱
珎貺多謝
盛眷粛此不宣
甲戌年九月 日
礼曹参議 金洪福

処另に申飭を加へ、謹て約条を守り、更に浸渉の弊え無くんば、千
万幸甚ならん。菲品いささか遠忱を表す。珎貺、盛眷を多く謝す、
粛として此れ不宣
甲戌年九月 日
礼曹参議 金洪福

貴国の海辺の人たちに向け、その所々別々に厳しい申し付けを行い、
謹厳に約条を守らせて欲しい。さらに国境を浸し、我が国の境域を巡
り渉るような弊害を無くせば、千万も幸甚である。菲品(薄物の品)は

遠方からの真心を表すもので、その珍しい贈り物、盛んな御恵品に対
し、大いに感謝する次第である。粛然として記したので、此の思いを
充分には宣べ得ないで終わってしまったが、了とせられたい。
甲戌年九月　日
礼曹参議　金洪福

귀국 해변 사람들을 향해, 곳곳에 엄한 명을 내려, 근엄하게 약조를
지키게 해주었으면 한다. 또 국경을 침범하여 우리나라 경역을 돌아
다니는 것과 같은 폐해를 없게 하면, 참으로 큰 다행이다. 비품은 원
방에서 진심을 나타내는 것으로, 그 진기한 증물, 훌륭한 혜품에 대
해, 많이 감사하는 바이다. 숙연히 기록했기 때문에, 마음을 충분히
말하지 못하고 끝나고 말았으나, 양해하여 주시기 바란다.
갑술년 9월 일 예조참의 김홍복

朝鮮國東萊府使韓　命相　奉復ス

日本國對馬州太守平公　閤下

惠札副以

珎貺感慰交至漁民一款既已特

咨朝廷想在南宮覆帖薄儀幸冀

荒邸不宣

甲戌年九月　日

東萊府使韓　命相

東莱府使の書簡

朝鮮国東莱府使韓 命相 奉復^ス_二

日本国対馬州太守平公^ノ 閣下^二_一

恵札副^{ルニ}以^{テス}_二

珎貺^ヲ_一感慰交^ダ至^ル漁民^ノ_一款既已^二転_二

啓^ス朝廷_一想^{フニ}在^シ_二南宮^ノ覆帖^二_一薄儀幸^二冀^{クハ}

莞留^{セヨ}不宣

甲戌年九月 日

東莱府使韓 命相

東莱府使の書簡

[真文]

朝鮮国東莱府使韓命相奉復

日本国対馬州太守平公閣下

恵札副以

珎貺感慰交至漁民一款既已転啓

朝廷想在南宮覆帖薄儀幸冀

莞留不宣

甲戌年九月 日

東莱府使 韓命相

  [読み下し文]

朝鮮国の東莱府使たる韓命相が、日本国対馬州の太守、平公の閣下
に、復た書を奉る。恵札を副えるに珎貺を以てす。感慰は交々に至

る漁民の一款たり。既に已に、朝廷に転啓す。想うに南宮の覆帖<ruby>覆帖<rt>ふくちょう</rt></ruby>に在らん。薄儀を幸に、冀<ruby>冀<rt>こいねがわ</rt></ruby>くは莞留せよ、不宣。

甲戌年九月　日　　　東萊府使　韓命相

　　[現代語訳]

朝鮮国の東萊府使たる韓命相が、日本国の対馬州の太守たる平公の閣下に、復た書を奉る。御恵送の書簡と、それに副えた珍しい贈り物があり、感に入り、まさに慰問となった。その中に交々と交錯に至る漁民の一書条がある。これは、すでに朝廷に転送し、上啓に達するようにしておいた。今や想像するに、それは南宮(礼曹の役所)にて反覆閲覧され、検討の帖として在るであろう。ここに薄儀の品を以て幸を祈る。願うところ、これを御笑納せられたい。意とするところを充分に宣べ得ないで終わってしまったが、了とせられたい。

甲戌年九月　日　　　東萊府使　韓命相

조선국 동래부사인 한명상이 일본국 쓰시마슈우의 태수 타이라 공에게 다시 서를 바친다. 혜송해 주신 서간과 그것에 딸린 진기한 증물이 있어, 감동하여, 그야말로 위문이 되었다. 그중에 서로 뒤섞여 혼란스럽게 된 어민에 대한 일조가 있다. 이것은 이미 조정에 전송하여, 상계하도록 해 두었다. 지금 생각하건대, 그것은 남궁(예조의 역소)에서 반복해서 열람하고, 검토하는 자료가 되어 있을 것이다. 여기에 박의의 물품을 가지고 다행을 빈다. 원하건대 이것을 소납하여 주었으면 한다. 생각하는 것을 충분히 말하지 못하고 끝나버렸으나, 양해하여 주기 바란다.

갑술 9월 일　　　동래부사 한명상

朝鮮國釜山僉使李弘勛奉復

日本國對馬州太守平公閣下

遠承

崇札備悉

興居良用慰況

朝鮮国釜山僉使李 弘勲 奉復ス二

日本国対馬州太守平公ノ 閣下ニ一

遠ク承ケ二

崇札ヲ一備ニ悉ス

興居ヲ一良ニ用テ慰浣ス

釜山僉使の書簡

[真文]

朝鮮国釜山僉使李弘勲奉復

日本国対馬州太守平公閣下

遠承

崇札備悉

興居良用慰浣

[読み下し文]

朝鮮国の釜山僉使たる李弘勲が、日本国対馬州の太守、平公の閣下に、復た書を奉る。遠く崇札を承け、興居を備悉す。良に用いて慰浣す。

[現代語訳]

朝鮮国の釜山僉使たる李弘勲が、日本国の対馬州の太守たる平公の閣下に、復た書を奉る。遠方より事の端緒となる御書簡を承け、その始まりからの経緯を悉く了解した。まことを用いての到来で、慰問として[両国の関係を]洗い濯ぐものである。

조선국 부산첨사인 이홍적이 일본국 쓰시마슈우의 태수 타이라공 합하에 다시 서를 바친다. 원방에서 보낸 사건의 단서가 되는 서간을 받아, 사건의 처음부터의 경위를 자세히 이해했다. 진심을 다한 것의 도래로, 위문으로 [양국의 관계를] 새롭게 하는 것이다.

示意將報。

朝延想有儀部回覆

珍貺亡荷，

盛意薄儀幸集

莞留肅此不宣

甲戌年九月　日

釜山僉使李

弘勳

示意転報^ス_ニ

朝廷^ニ__想^{フニ}有^シ_二儀部^ノ回覆__

琛賎尤^モ荷^フ_ニ

盛意^ヲ__薄儀幸^ニ冀^{クハ}

莞留^{セヨ}蕭此不宣

甲戌年九月　日

釜山僉使李　弘勳

示意転報

朝廷想有儀部回覆

琛賎尤荷

盛意薄儀幸冀

莞留蕭此不宣

甲戌年九月　日

釜山僉使　李弘勳

示意を朝廷に転報す。想うに儀部の回覆に有らん。琛賎尤も盛意を荷
う。薄儀を幸に、冀くは莞留せよ、蕭として此れ不宣、
甲戌年九月　日　　釜山僉使　李弘勳

さて御呈示なさった御意向は、すでに朝廷に向けて転報した。想像
するに、おそらく儀典を司る礼曹において、すでに反覆回覧され、
検討の帖となっていることであろう。珍しい贈り物は、大いに興味

を呼び起こすという。ここに薄儀の品を以て幸を祈る。願う所、こ
れを御笑納せられたい。蕭然として記したので、充分に意を宣べ得
ないで終わってしまったが、了とせられたい。
甲戌年九月 日　　釜山僉使 李弘勛

그런데 정시하신 의향은 이미 조정에 전보했다. 예상하건대, 아마도
의전을 집행하는 예조에서, 이미 반복해서 회람하여, 검토하는 자료
가 되어 있을 것이다. 진기한 증물은 많은 흥미를 불러 일으킨다 한
다. 여기에 박의의 물품으로 다행을 빈다. 원하건대, 이것을 소납해
주었으면 한다. 숙연하게 기록하였기 때문에, 충분한 뜻을 말하지 못
하고 끝나고 말았으나, 이해해 주었으면 한다.
갑술년 9월 일　　부산첨사 이홍적

(24-02)

但質人両人江戸へ者不罷越候得共書面ニ如此書載在之候ハ両人之者と
も長崎を江戸と存違へ朝鮮ヘ罷帰江戸より被送越候旨申たる故ニ候

(24-02)

[あちらからの書簡は、このような内容である。]但し、質人として
の[朝鮮人]二人は、江戸へ送致していない。だが書面には、このよ
うに書き載せてある。両人の者たちは長崎を江戸と思い違いをし
て、朝鮮へ帰った後、江戸から送り返されたと[そのように]申し出
たのであろうか。

(24-02)

[저쪽에서 보낸 서간은 이와 같은 내용이다.] 단 인질로 한 [조선
인] 둘은 에도로 송치하지 않았다. 그러나 서면에는 이와 같이 기
재하고 있다. 두 사람은 나가사키를 에도로 잘못 알고, 조선에 돌
아간 후, 에도에서 송환되었다고 [그와 같이] 말한 것일 것이다.

(24-03)

〃是より前九月十日朴同知朴僉知入館都船主方〔江〕罷出右両訳申候
ハ今朝返簡下リ候付先早々為御知為〔可〕申参候由申〔二〕付写参候哉与
相尋候へハ写ハ持参不申候成程結構〔二〕認参候其様子者去年之了簡
にして朝鮮之漁民竹嶋〔江〕参候処御捕被成被差返候道々〔二〕而茂

(24-03)

〃是より前の九月十日、朴同知と朴僉知とが[和館へ]入館し、都船主
方へ罷り出た。右の両訳が申すことには、今朝、返翰が[都表から]
下って参りました。そのことに付き、先ず早々に御知らせしよう
と思い、こうして参上致しました。このように申すので、その写
しを持って来たのかと尋ねたところ、写しは持参しておりません
が[その返翰は]成る程と思うほど結構にしたためてあるようでござ
います(註1)。その内容は[先ず]去年(元禄六年)の案件について言え
ば、朝鮮の漁民が竹嶋へ渡った処、召し捕らえられましたが、そ
の差し返される道々でも、

(24-03)

〃이보다 전인 9월 10일에 박동지와 박첨지가 [화관에] 입관하여,
도선주 측으로 나갔다. 위의 양역이 말하는 것은, 오늘 아침에 반
한이 [도성에서] 내려왔습니다. 그 일에 대해, 우선 서둘러 알려
드릴 생각으로, 이렇게 참상하였습니다. 이렇게 말하기 때문에,
그 사본을 가지고 왔는가라고 물었더니, 사본은 소지하지 않았습
니다만 [그 반한은] 잘 되었다라고 생각할 정도로 잘 기록되어 있

는 것 같습니다. 그 내용은 [우선] 작년(겐로쿠 6년)의 안건에 대해 말하자면, 조선의 어민이 죽도에 건넜을 때, 붙잡히고 말았으나, 그 송환하는 도중 곳곳에서도

明之而施老之作井俦梅之其之延炭

以讲陵厚之亦皆後之破鴻一遑农

終奏之品若以莖然味相傍之人

以行竹焉之卜以又蔚陵鴻之下以之流今

名之也之生之以庵之波雨之大竹之荒

胡鮮之内世年於與地膓貿見之恨之

多藏之於家波鴻之寧之胡鮮人

段々御馳走被仰付結構ニ被送返候儀御誠信厚く忝奉存候彼嶋一嶋二名ニ
紛敷被思召候趣能吟味相詰候へハ如何ニも其通ニ御座候彼所ニ大竹御
座候付竹嶋与申候又蔚陵嶋与申候而古より朝鮮之内ニ無其紛輿地勝覧ニ
慥ニ書載置候然所彼嶋ニ重而朝鮮人

色々と御馳走をして頂き、結構な扱いで送り返して頂きました。こ
の事は御誠信の御厚情で忝なく思っていると、そのように記してご
ざいます。彼の島は一嶋二名と紛らわしく思われることについて
は、よく吟味し、相詰めて考慮がなされ、如何にも其の通りの事で
ございました。彼の島には大竹が繁っていて、それゆえ竹嶋と申す
のだと言う事でございます。また蔚陵嶋とも言って、古より朝鮮の
内に在る島で、それは紛れも無い事実でございます。与地勝覧とい
う書物に、確かに書き載せてあります。そのようなことであるの
に、彼の嶋に再び朝鮮人を

여러 가지로 대접을 해주며, 상당히 좋은 취급을 하며 송환해 주었습
니다. 이 일은 성신의 후정으로 고맙게 생각하고 있다고, 그렇게 기록
되어 있습니다. 그 섬은 일도 이명으로 혼란스럽게 생각되는 것에 대
해서는, 잘 조사하고, 깊이 고려하여, 그야말로 그대로의 일이었습니
다. 그 섬에는 큰 대가 번성하여, 그것 때문에 죽도라고 말하는 것이라
고 말하는 것입니다. 또 울릉도라고도 해서, 옛날부터 조선 안에 있는
섬으로, 그것은 틀림없는 사실입니다. 여지승람이라는 서물에 분명히
기재되어 있습니다. 그와 같은 일인데, 그 섬에 다시는 조선인을

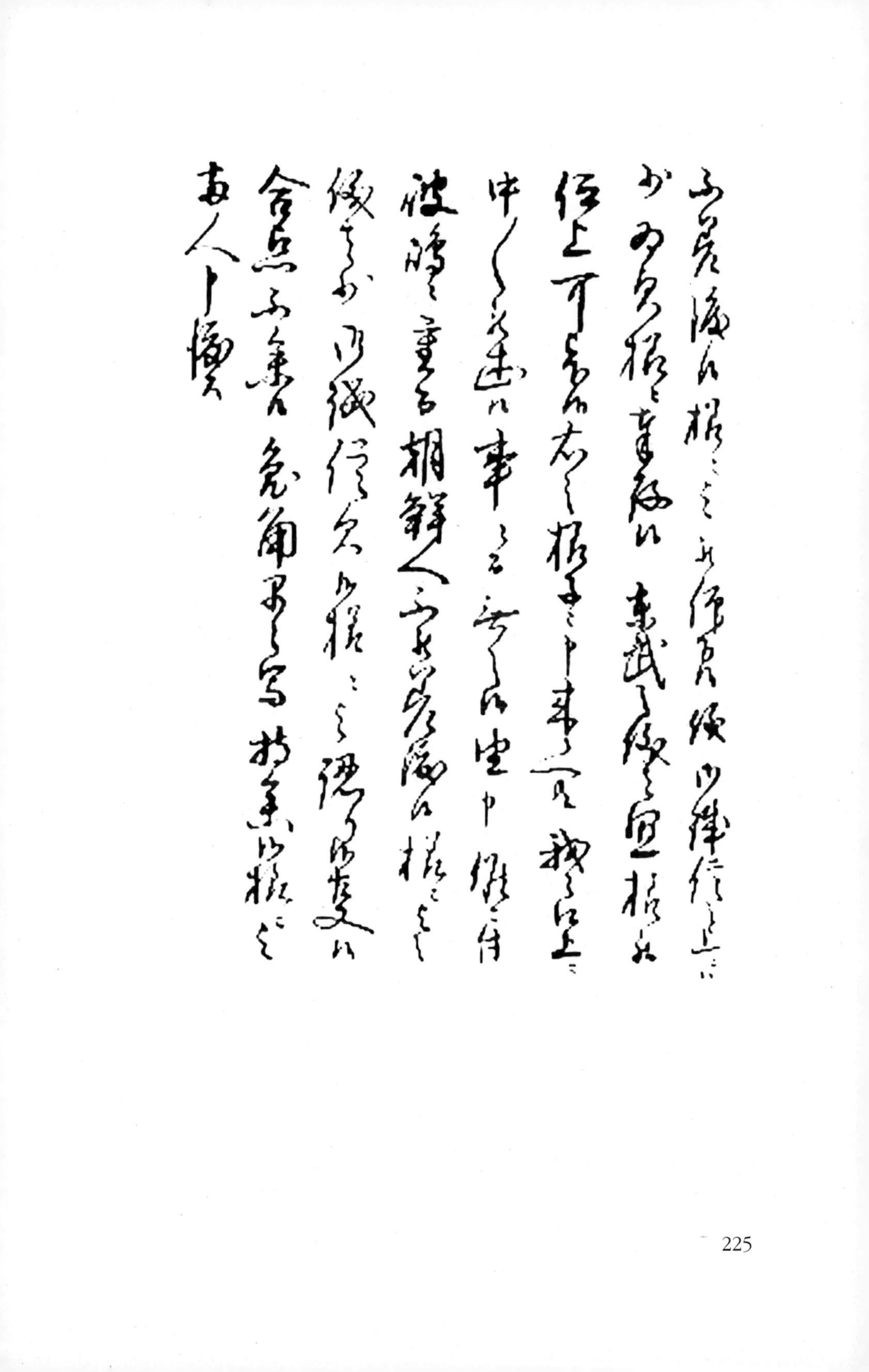

不差渡候様゠与被仰下候儀御誠信之上゠ハ少為欠様゠奉存候　東武之儀
者宜様被仰上可被下候右之様子゠申来候へ共我々口上゠中々被述候事゠
而無之候由申候゠付彼嶋゠重而朝鮮人不被差渡候様゠与之儀者少御誠
信欠候様゠与認り候事ハ合点不参候兎角早々写持参候様゠与両人申渡ス

差し渡さぬようにと、お申し出のあったことは、御誠信の上から言
えば、少し欠けているようにも思われます。それゆえ東武への[御報
告の]事は、これを宜しい様にお伝え下さいと、右のような趣旨で[返
翰が]下って参りました。しかし我々の口上では、中々[充分に、その
意を]申し述べることができません。このように[彼らは]申すので
あった。[こちらからの書簡に]彼の嶋に再び朝鮮人を差し渡されぬよ
うにと、そのように申し入れた事は、少し御誠信に欠けると[あちら
からの返翰に]したためてあると言う。だが[そのような指摘は、こち
らにとっても]合点の参らぬ事である。兎も角も早々に、その写しを
持参するようにと、両人に申し渡した。

건너가지 못하도록 하라고 하는, 요구가 있었던 것은, 성신상으로 말
하자면, 조금 부족한 것처럼 생각됩니다. 그렇기 때문에 동무에 하는
[보고의] 건은, 이것을 좋게 전해주십시오라고, 위와 같은 취지의 [반
한이] 내려왔습니다. 그러나 우리들의 구상으로는, 좀처럼 [충분히,
그 뜻을] 설명할 수가 없습니다. 이처럼 [그들은] 말하는 것이었다.
[이쪽에서 보낸 서간에] 그 섬에 다시는 조선인이 건너지 못하도록
하라고, 그렇게 요구한 것은, 조금 성신이 부족하다고 [저쪽에서 보낸
서간에] 기록되어 있다 한다. 그러나 [그와 같은 지적은, 이쪽에서도]

이해가 가지 않는 일이다. 어쨌든 빨리 그 사본을 지참하도록 하라고
두 사람에게 말했다.

(24-04)

〃同月十二日朴同知朴僉知入館裁判方^江改撰之返簡持参候而接慰官
より之口上申聞候者返簡下り候ニ付為持申候間御覧可被成候尤前
方申入置為持可申之処封之侭相渡候様ニ返簡御請取被成間敷与有
之者接慰官首訳共ニ引取候様ニ与都より申来候付差図之通為持

(24-04)

〃九月十二日、朴同知と朴僉知とが入館し、裁判方へ[この度の]改
撰された返翰を持参してきた。そして接慰官からの口上を申し
伝えてきた。[すなわち]返翰が罷り下ったので[両訳官を以て]持
参致させます。どうぞ御覧下さい。尤も[これまでのように]前
もって申し入れをして置き[先ずは写しの書簡を]持たせ[お示し]
申すべき処を[今回は直接、正本の書簡を]封をした侭、御渡しす
るようにと[都からの指示が]ございました^(註2)。この返翰を[もし
正官殿が]御請け取りに成られなければ、接慰官は首訳と共に[そ
の交渉を打ち切り、都へ]引き取るようにと[これまた]都からの
指示がございました。その御指図の通り[にして、この返翰を]

(24-04)

〃9월 12일에 박동지와 박첨지가 입관하여, 재판 쪽에 [이번에] 개
찬된 반한을 지참하고 왔다. 그리고 접위관의 말을 전했다. [즉]
반한이 내려왔으므로 [양 역관에게] 지참하게 합니다. 잘 보세요.
원래 [지금까지와 마찬가지로] 먼저 이야기를 해두고 [먼저 서간
의 사본을] 지참시켜 [보여] 드려야 하는 것을 [이번에는 직접,

정본의 서간을] 봉한 채로, 건네도록 하라는 [도성의 지시가] 있었습니다. 이 반한을 [만일 정관님이] 받지 않으시면, 접위관은 수역과 더불어 [이 교섭을 그만두고, 도성으로] 철수하라고 [이러한] 도성의 지시가 있었습니다. 그 지시에 [따라, 이 반한을]

申候由両判事申候付是者不存寄儀申来候此方ニ而封を切候例茂無之増
而封之侭請取候儀猶以不存寄事ニ候正官人ニ^江申入候儀難成候間取帰候
様ニ書簡不請取候内接慰官被引取候法も有之儀ニ候哉一々不聞へ申分
仕方ニ候与

持参致しました。このように両判事(訳官)が申すので、これは思いも
寄らぬ事を申し入れて来た。[封のままの書簡を]こちらで封を切る例
は無い。まして封の侭を請け取るような事は、猶以て思いも寄らぬ事
である。正官へ[このような]申し入れを伝えることはできない。この
返翰は持ち帰るようにと[彼らに申し伝えた。こうなれば]返翰を[こち
らの正官が]請け取らぬ内に[交渉相手の]接慰官が[もう交渉は終わっ
たと称し、京師に]引き揚げる事態も、あるいは有るかもしれない。
このような一つ一つの事が、聞くに耐えない仕方であると、

지참하였습니다. 이렇게 양 판사(역관)가 말했기 때문에, 이것은 생각
지도 못한 일의 전달이었다. [봉한 채의 서간을] 이쪽에서 봉을 여는
예가 없다. 하물며 봉한 것을 받는 것과 같은 일은 더욱 생각도 할 수
없는 일이다. 정관에게 [이와 같은] 요구는 전할 수 없다. 이 반한을
가지고 돌아가라고 [그들에게 말했다. 이렇게 되면] 반한을 [이쪽의
정관이] 받지 않는 사이에 [교섭 상대의] 접위관이 [모든 교섭이 끝났
다며, 경사로] 철수하는 사태도, 어쩌면 있을지도 모른다. 이와 같은
하나하나의 일이, 듣고 참기 어려운 일이라고,

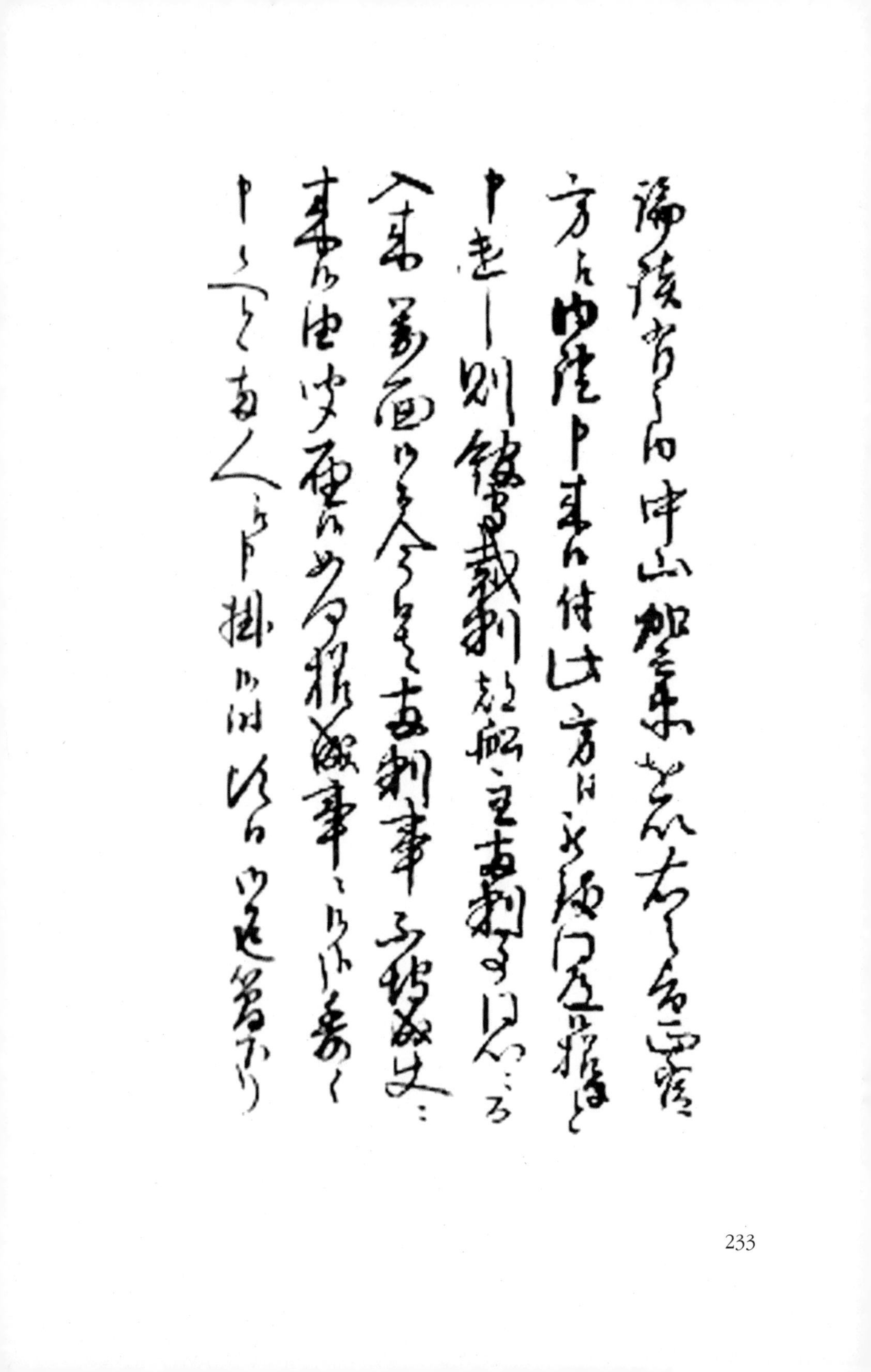

論談有之内中山加兵衛を以右之旨正官方^江内証申来候付此方^江被致同
道候様ニ与申遣し則館守裁判都船主両判事同心ニ而入来対面候而今日
者両判事不埒成使ニ来候由聞届候如何様成事ニ候哉委く申候へと両人^江
申掛候時頃日御返簡下り

このように論談している内、中山加兵衛が語り出した。右のような
有様を正官も[御承知の方がよいかもしれない。ならば]内証として申
し上げて見てはどうだろうかと[言うことになった。]そこで、こちら
へ同道下さいと[両判事に]申し遣し[正官方へと向かった。]則ち館
守、裁判、都船主、両判事が、皆で同意し[正官方に]入って行った。
そして[正官に]対面し、今日は両判事が不埒な使いと成って参りまし
た。その言うところを、お聞き下さい[と正官に挨拶し、そして正官
から]如何なる事になったのか、委しく申して見よと、両人へ申し掛
けがあった。そこで彼ら両人は、御返翰が下って

이렇게 논담하고 있는 사이에, 나카야마 카베에가 이야기했다. 위와
같은 상황을 정관도 [아시는 것이 좋을지도 모른다. 그렇다면] 은밀히
말씀드려 보는 것이 어떠할까라고 [말하였다.] 그래서 이쪽으로 동도
하여 주세요라고 [양 판사에게] 말하여 [정관이 있는 쪽으로 갔다.] 즉
시 관수, 재판, 도선주, 양 판사가, 다 같이 동의하여 [정관이 있는 곳
으로] 들어갔다. 그리고 [정관을] 대면하고, 오늘은 양 판사가 좋지 않
은 심부름꾼이 되어 찾아왔습니다. 그들이 말하는 것을 들어주세요
[라고 정관에게 이야기하고, 정관이] 어떠한 일이 되었는가, 자세히 말
해보라고 [두 사람에게 말하셨다.] 그러자 그들 두 사람은, 반한이 내려

申候付御賢被成候様ニ与存則為持申候由接慰官被申候由申候故是者為
絶言語仕方ニ候接慰官被申候とて判事頭之両人ケ様之儀取次申物ニ候
哉都より申来候とて接慰官如斯之儀被仕物ニ候哉不埒之返簡ハ下書を
得与披見候而無別条与申時請取候先例ニ候殊本書を入候ニハ請取渡之
作法も有之事ニ候其上是者 東武^江上り候

参りました。御賢察に成られるよう[正官殿へ]持参致すよう、接慰官
に命じられ、ここに持って参りました。[このようなことを話し始
め、返翰を差し出してきた。]だが是は言語に出せぬほど[ひどい返翰
授受の]仕方である。接慰官が申されたからといって、判事頭である
程の両人が、このような[理不尽な授受の仕方を、そのまま]取り次ぐ
ものであろうか。都から申し遣わされた事であるからといって、接
慰官たるものが、このような事を[使者への交渉として]行うものであ
ろうか。[そもそも]埒の明かぬ返翰については[先ず]下書きをじっく
りと見て[判断し]別条無いとなって、始めて、これを受け取るという
のが慣例である。殊に正本の書簡を受け入れるには[それについて]受
け取り、受け渡しの[厳重な]作法が有る。その上で[諒解し、受け取
るというものである。殊に]これは東武へ[御報告として]差し上げな
ければならぬ

(내려) 왔습니다. 살펴볼 수 있도록 [정관에게] 지참하도록 하라는, 접
위관의 명을 받고, 여기에 가지고 왔습니다. [이 같은 것을 이야기를
하며 반한을 내밀었다.] 그러나 이것은 말로 할 수도 없을 정도로 [지
독한 반한수수의] 방법이다. 접위관이 명하였다 해서, 판사 우두머리

인 양인이 이처럼 [도리에 어긋나는 수수방법, 그대로] 주선한다는 말인가. 도성에서 전달해 온 것이라 해서, 접위관이라는 자가, 이 같은 일을 [사자에 대한 교섭으로 해서] 행한다는 말인가. [원래] 결론이 나지 않은 반한에 대해서는 [먼저] 초안을 충분히 보고 [판단하여] 이의가 없다고 할 때, 비로소 이것을 수취한다고 하는 것이 관례이다. 특히 정본의 서간을 받아들이는 데는 [그것을] 받고, 건네는 [엄중한] 작법이 있다. 그러한 후에 [양해하고 수취하는 것이다. 특히] 이것은 동무에 [보고하여] 올리지 않으면 안 되는

返簡軽々敷馬取風情ニ為持突付被差越候儀者如何様成所存ニ候哉了簡
如何程宜候共此仕方 東武江申上候者急度御難題可有之候封進宴席之節
冝注進可有之候ヘハ成程無障様ニ第一使者帰国之首尾冝様被成候慥成
心当有之由被仰聞候付朝鮮者不存日本向ハ左様難成事ニ存候由申達候
処其段如何様之儀ニ而御疑被成候哉曾而相違無之候与之

返簡であり[接慰官からではなく]軽々しく馬取り[の如き訳官]風情に
持たせ、突き付けるようにして差し出すようなものではない。この
ような渡し方をする意図は[いったい]どのような所にあるのであろう
か。お考えが、どれほど宜しくとも、このような伝達の仕方では[受
け取るわけには行かない。]東武へ申し上げれば、おそらく御難題と
なって[紛糾することは]確実である。封進宴席の折、宜しく[都表へ]
御報告なさるよう[接慰官に申し伝え、それに対する御同意も]承っ
た。成る程と思うばかりの[深い御配慮もあった。両国の友誼交流に]
障り無い様にと、心掛けておられた。その第一として、使者の帰国
[に際しても]首尾の宜しい様にと[お話しに]なっていた。[円滑な落着
に]確かな心当たりが有ると、そのようにも、お話し下さっていた。
[だがまだ疑念があり]そこで朝鮮の事情については[こちらは]知る由
も無いが、日本向けには、このような遣り方では成り難い事である
と[こちらが接慰官に重ねて]申し伝えたところ、そのような事を、ど
うして御疑いなさるのであろうか。[宜しい返翰が下り、円滑な落着
となる事に]まったく相違など有るわけはないと、

반한으로 [접위관이 보내는 것이 아니라] 하찮은 말지기[같은 역관]에게 들려서, 들이대며 내밀듯이 전달해 줄 만한 것이 아니다. 이 같은 전달방법을 취하는 의도는 [도대체] 어디에 있는 것일까. 뜻이 아무리 좋다 해도 이 같은 방법으로는 [수취할 수 없다.] 동무에 보고하면, 아마도 어려운 문제가 되어 [분규가 일어나는 것은] 분명하다. 봉진연석 시, 잘되도록 [도성에] 보고해 주실 것을 [접위관에게 전하여, 그것에 대한 동의도] 받았다. 고맙다라고 생각할 정도의 [깊은 배려도 있었다. 양국의 우의교류에] 지장이 없도록 하겠다고 신경을 쓰고 계셨다. 그 첫 번째로, 사자가 귀국[할 때도] 상황을 좋게 하겠다고 [말씀하]시고 계셨다. [원활한 해결에] 확실한 예감이 있다고, 그렇게도 말씀해 주셨다. [그러나 약간의 의문이 있어도] 조선의 사정에 대해서는 [이쪽은] 알 수가 없으면서도, 일본을 상대로는, 이 같은 방법으로는 이루기 어려운 일이라고 [이쪽에서 접위관에게 거듭해서] 말했더니, 그와 같은 일을, 왜 의심하는 것일까. [좋은 반한이 내려와, 원만하게 해결될 것이] 조금도 틀림없을 것이다라고,

再返挨拶二候故其通慥二被仰候上ハ違変有御座間敷候其御心入二候ハ
、御返簡下書乞下シ候二不及候本書早々下り候様被仰登候へと申達候
時結構二申聞候趣感入候ヶ様之儀者真二誠信与申物二候本書下り候様
為申登下り候者下書掛御目其上二茂思召寄有之ハ如何様二も御相談可
申由両人を以度々堅被申聞候此契約早目前二而相違二候言葉違候儀者
朝鮮之

再度の御返答の挨拶であった。その通りに確かにお話し下さった以
上、もう違変の有る筈は無い[と、こちらは完全に信じ込んでしまっ
た。]そのような[接慰官の]御考えを聞かされていたので、なお御返
簡の下書きを乞い、それが下し置かれることに[こだわらなくなっ
た。]もう[下書きは]必要無いとなれば、正本の書簡が早々に下し置
かれるよう、そのように御報告なさるよう[接慰官へ]申し掛けた[註
3)]。その折[さらに]結構に[都へ報告を申し上げると、そのように]申
し伝えてきた。その旨を聞き、実に感に入った。このような応対こ
そ、真に誠信と申すものであろうと、そうまでも思った。正本の書
簡が[早々に]下るよう、報告を上げて頂き[その結果、正本の書簡が]
下ったならば[先ずは]その下書きを御目に掛ける。そのようなことで
あった。その上で、なお、お考えが有れば、また如何様にも御相談
を致そうと、両人(朴同知、朴僉知)を介し、度々に堅く申し伝えて下
さった。そのような[しっかりとした]契約が、早くも[御返翰到来
の、この]目前で[崩れ]合意した内容と相違になってしまうとは[果た
して、いかなる事であろうか。約束した]言葉が、こうも違ってしま
うとは、これが朝鮮の

다시 반답하였다. 그렇게 분명히 이야기한 이상, 이변이 있을 리 없다
[고, 이쪽은 완전히 믿어버리고 말았다.] 그러한 [접위관의] 생각을 들
었기 때문에, 역시 답장의 초안을 받아, 그것을 보관해 두는 일에 [신
경을 쓰지 않았다.] 이미 [초안이] 필요 없게 되면, 정본의 서간이 빨
리 내려올 수 있도록, 그렇게 보고하실 것을 [접위관에] 말씀드렸다.
그때 [다시] 잘되도록 [도성에 보고해 올리겠다고, 그와 같은] 말씀을
전해주었다. 그 뜻을 듣고 참으로 감동했었다. 이 같은 대응이야말로,
진정한 성신이라고 말해야 할 것이라고, 그렇게도 생각했었다. 정본
의 서간이 [빨리] 내려올 수 있도록, 보고를 올려 [그 결과로, 정본의
서간이] 내려왔다면 [먼저] 그 사본을 보여 드린다. 그렇게 한다는 것
이었다. 그런 후에, 다시 생각이 있으면, 또 얼마든지 상의한다고, 양
인 [박동지, 박첨지]를 통해, 여러 차례 강하게 말씀해 주셨다. 그처럼
[단단했던] 약속이, 빨리도 [반한이 도래하는, 이] 목전에서 [무너져]
합의한 내용과 다르게 되고 마는 것은 [도대체 어찌 된 일인가. 약속
했던] 말이, 이렇게도 달라져 버린다는 것은, 이것이 조선의

国風ニ而候哉人倫之道ニ而者無之候へ共恥を不被恥上者無了簡候此方ニ
而封を切候へとの事ニ候へハ新法ニ而候左候ハ、此方より相渡候も不
時之書簡者弥之儀約条之書契も直ニ茶礼之節可相渡候扨々不礼千万成
働兔角可申様無之候早々取帰急度写持参候へ接慰官合点無之候者近
日不時之致接待可申談旨申渡候処朴同知申候ハ是非返簡御渡シ申候
様ニ与之儀

国風なのであろうか[註4]。これは人倫の道から外れているのではない
か。[接慰官は、これを恥とも思わないのであろうか。]恥を恥とも思
わぬ以上、どうにも仕方の無いことである。こちらで返翰の封を[勝
手に]切ってくれと[そのような渡し方であるが]そのような事になれ
ば、これは[交渉ごとの今後の]新たな手法となってしまう。もしそう
なれば、こちらから御渡しする臨時の書簡はもとよりのこと、約条
の書契も[すべて今後、下書きの閲覧は省略となってしまう。その結
果、予備交渉というものは全く無くなり]直ちに茶礼の節に[変更の利
かぬ正式の書簡が]相渡ることになる。[そうなれば妥協のない直接の
遣り取りや、厳しい露骨な交渉が、今後展開し、結局、両国関係は
直ぐにも破綻してしまう事になるだろう。]さてさて[このような]不
礼千万な[接慰官や首訳の]働きについて[今さら]兔や角、申しても仕
方が無い。[こうなれば事情はともあれ、両人は]早々に取って返し、
必ず[返翰の]写しを、こちらに持参するようにと[そのような事を、
正官から両判事へ申し渡した。]もしも[写しの持参に]接慰官の同意
が無ければ、近日中に臨時の会談を開き、そこで語り合いたいと、
そのような趣旨を申し渡した。すると朴同知が申すには、是非とも

この返翰を[正官殿へ]御渡しするようにと、そのような事[を接慰官
から命じられたわけ]

국풍인가. 이것은 인륜의 도에 벗어난 것 아닌가. [접위관은] 이것을
부끄럽게 생각하지 않는가.] 부끄러움을 부끄러움으로 생각하지 않는
이상, 어떻게 할 방법이 없는 일이다. 이쪽에서 반한의 봉을 [멋대로]
뜯어 달라는 [그러한 전달 방법이겠지만] 그렇게 되면, 이것은 [교섭
하는 이후의] 새로운 수법이 되고 만다. 만일 그렇게 되면 이쪽에서
전달하는 임시 서간은 물론, 약조의 서계도 [모두 금후로는, 초안의
열람은 생략하는 일이 되고 만다. 그 결과, 예비교섭이라는 것은 아주
없어지게 되어] 곧바로 차례 시에 [변경할 수 없는 정식서간을] 건네
게 된다. [그렇게 되면 타협 없이 직접 주고받거나, 아주 노골적인 교
섭이, 이후로 전개되어, 결국, 양국관계는 곧 파탄하고 마는 일이 될
것이다.] 그런데 [이처럼] 예의에 어긋나는 [접위관이나 수역의] 활동
에 대해 [새삼스럽게] 이것저것 말해보아야 헛일이다. [이렇게 된 이
상 사정이 어쨌든, 양인을] 서둘러 돌려보내며, 반드시 [반한의] 사본
을 이쪽에 지참하도록 하라고 [그와 같은 일을, 정관이 양 판사에게
지시했다. 혹시라도 [사본의 지참에] 접위관의 동의가 없으면, 근일
중에 임시회담을 열어, 그곳에서 이야기하고 싶다고, 그러한 취지를
말씀하셨다. 그러자 박동지가 말하기를, 꼭 이 반한을 [정관님에게]
건네도록 하라고, 그와 같은 것[을 접위관이 명령하신]

にてハ無御座候返翰御覧被成思召寄も御座候ハ、被仰聞候様ニ与被申
候旨申ニ付甚心入ニ候ハ、不入本書を被差越候より写遣し被申候而快
く内談有之而社前方之契約も相違ニ不成冝敷事ニ候突付ヶ返翰被差越
候儀者不及覚語候扨今度持渡り之返簡到来無之由合点不参候其御返
書不請取候而者帰国不罷成候之間早々

ではありません。この[封のままの]返翰[が都から下って参りました
ので、その封のままを、先ず正官殿にお目に掛けるようにとの事で
ございました。]これを御覧に成られ[正官殿の]お考えもおありであ
ろうから、それを[先ず]お伺いするようにとの事でございました。そ
の旨の申し付けが[接慰官から]ありました。これは甚だ心入れのある
ことでございます。封となって[内容に]立ち入ることのできぬ正本の
書簡を差し渡されるよりも、その写しとなるものを[先ず]遣わされ
[それによって]快く内談が始まってこそ、前もっての契約も掛け違い
に成らず、宜しい事に収まるでしょう。突き付けるような、このよ
うな[封のままの]返翰が差し渡された事は[我々にも]理解の外にある
ことでございました。[このように朴同知は正官に答えた。]さて、そ
れではと[改めて正官は言葉を継いだ。今春、受け取り置いた御返翰
は返却し、こうして修正された御返翰が封のままに下されて来た。]
だが再度の渡海で持ち渡った[この度の新たな対馬からの]書簡に対し
ては[まだ]返事となる御書簡の到来が無い。これは合点の参らぬこと
である。その御返書も[拙者は、やはり]受け取らなければならない。
そうでなければ[使者としての役目を果たしたことにならず]帰国する
こともできない。だから早々に、

것은 아닙니다. 이 [봉한] 반한이 [도성에서 내려왔기 때문에, 그것을 그대로, 먼저 정관님에게 보여 드리라고 한 것입니다.] 이것을 보시고 [정관님의] 생각이 있으실 것이므로, 그것을 [먼저] 듣도록 하라는 것이었습니다. 그러한 내용의 지시를 [접위관이] 하셨습니다. 이것은 매우 신경을 쓰신 일입니다. 봉해져 있어 [내용]에 관계할 수 없는 정본의 서간을 건네 받기보다도, 그 사본을 [먼저] 받아 [그것에 근거하여] 기분 좋게 내담을 시작해야, 전에 한 계약도 달라지지 않고, 좋게 일도 정리되겠지요. 갑작스럽게, 이처럼 [봉한] 반한을 건네받게 되어 [우리들도] 이해할 수 없는 일입니다. [이렇게 박동지가 정관에게 답했다.] 그런데, 그렇다면 이라며 [다시 정관이 말을 계속했다. 올봄에 받아 두었던 반한은 반각하고, 이렇게 수정된 반한이 봉해서 내려왔다.] 그러나 다시 도해하며 가지고 온 [이번에 새로 쓰시마에서 보낸] 서간에 대해서는 [아직] 답이 되는 서간의 도래가 없다. 이것은 이해할 수 없는 일이다. 그 반서도 [졸자는 역시] 받지 않으면 안 된다. 그렇지 않으면 [사자로서의 역할을 수행하지 못한 일이 되어] 귀국할 수도 없다. 그러므로 서둘러,

下り候様注進被成候様ニ与申渡候而扨 返翰之趣者大体如何様ニ申参候
哉与相尋候時我々口上ニ而者中々不被申述事ニ候得共先朝鮮之者送被
返候儀至而忝存候与之儀一嶋二名之儀書分ケ朝鮮之内ニ無其紛儀を書
述此之通ニ候間重而伯耆より日本人不罷渡様ニ被仰付被下候者永

そちらの方の御返書も、罷り下るよう[改めて]注進をして貰いたい。
このように申し渡した(註5)。その上で、さて[この度、差し下された
封のままの正式書翰について、その]返翰内容は、つまり記された趣
旨は、おおよそどのようなものであろうか。そのように[彼らに]尋ね
てみた。[すると両判事が申すには]我々の口上では中々申し述べられ
ぬ事ではありますが、先立って朝鮮の[漁民の]者どもが送り返された
事情は、至って忝なく思うと、そのように記してあるそうでござい
ます。また一嶋二名の事は[きちんと]書き分けてあり、朝鮮の内にあ
ることは紛れも無い事実であると、そのようにも書き述べてあるそ
うでございます。この通りでありますから、再び伯耆から日本人が
[この朝鮮の島に]渡らぬ様にと[東武から]御命令が下されれば、永く
[両国は]

그쪽의 반서도 내려주실 것을 [다시] 주진해 주었으면 한다. 이처럼
말하였다. 그 위에, 그런데 [이번에 봉해서 내려보낸 정식서한에 대
해, 그] 반한 내용은, 즉 기록된 취지는, 대체로 어떠한 것일까. 그렇
게 [그들에게] 물어보았다. [그러자 양 판사가 말하기를] 우리들이 구
상으로 말씀드릴 수 없는 일입니다만, 지난번에 조선의 [어민]들이 송
환된 사정은, 그야말로 감사하게 생각한다고, 그렇게 기록되었다 합

니다. 또 일도이명의 일은 [분명히] 기록하여, 조선 안에 있는 것은 틀림없는 사실이라고, 그렇게 기록해 두었다 합니다. 이렇게 되어 있으므로, 다시는 호우키에서 일본인이 [조선의 섬에] 건너지 않도록 [동무가] 명령을 내리시면, 영원히 [양국은]

御誠信与可奉存旨荒増ケ様之儀ニ候由申聞候日本より者重而朝鮮人相
渡間敷旨被仰渡候之処還而日本人御停止被成被下候様ニ与ハ裏表成事ニ
候是ニ而可相済与何茂存候哉最早大事目前ニ而亡国之時節到来与存候
明日早々写持参候様ニ申渡ス

御誠信の関係[を続けることができ、平和で友好的な両国関係を築く
に]至るであろうと、あらまし、そのような趣旨だと聞いておりま
す。[このように朴同知は答えるのであった。]すると日本から申し掛
けた趣旨、すなわち再び朝鮮人が島に渡ることのないようにという
処が、逆に、日本人が島に渡ることが無いよう停止をを求めるとい
うことではないか。これは[外交交渉から言えば]逆転した形で応じ返
されたということである。こちらの意図とするところが、全く裏表
に、ひっくり返ってしまったことになる。このような展開になれば
[交渉を御命じになられた公儀にとって、その面目は丸潰れも同然で
はないか。当然ながら今後の展開は]これだけの外交交渉で済む筈は
無い。[今後、武力を用いた新たな事態が巻き起こる事であろう。
由々しき段階に立ち至ったわけで]もう誰もが[危機であると、そのよ
うに]思うに違いない。最早[交渉は決裂したも同然で、両国の]大事
[に至る]目前ではないか^(註6)。[再び、かつてのような大戦乱が勃発
し]亡国の時節の到来かと[皆が深く憂慮するであろう。これは大変な
事になった。それゆえ]明日、早々にも写しを持参するようにと[両人
に]申し渡した。

성신의 관계를 [지속할 수 있어, 평화롭게 우호적인 양국관계를 구축하게] 될 것이라는, 대개 그러한 취지라고 들었습니다. [이렇게 박동지가 대답했다.] 그러자 일본이 말씀드린 취지, 즉 다시 조선인이 섬에 건너는 일이 없도록 해달라고 말했던 것이, 반대로 일본인이 섬에 건너가는 일이 없도록 정지를 요구한다는 것이 아닌가. 이것은 [외교교섭으로 말하자면] 역전된 형태로 돌려받은 것이 된다. 이쪽이 의도하는 것이, 완전히 뒤집혀 버렸다는 것이 된다. 이렇게 전개되면 [교섭을 명하신 장군으로서는, 면목이 완전히 손상되는 것과 같은 일이 아닌가. 당연히 금후의 전개는] 이 정도의 외교교섭으로 끝날 리 없다. [금후, 무력을 사용한 새로운 사태가 벌어질 것이다. 위험한 단계에 이르렀기 때문에] 이제는 누구나 [위기라고, 그렇게] 생각하기 마련이다. 이미 [교섭은 결렬된 것과 같아, 양국의] 큰일이 [일어나기] 직전이 아닌가. [다시 옛날과 같은 대전란이 발발하여] 망국의 시대가 도래하는가하고 [모두가 깊이 우려할 것이다. 이거 큰일이 되고 말았다. 그렇기 때문에] 내일 서둘러서 사본을 지참하도록 하라고 [양인에게] 말했다.

(24-05)

〃九月十四日朴同知朴僉知入館裁判方〈江〉又々返翰持参候而申聞候者
一昨夜被仰聞候通具ニ接慰官〈江〉申達候所接慰官被申候ハ本書差越
候儀別儀有之事ニ而無御座候本書掛御目思召寄も御座候ハ、被仰
聞候ヘ本書御覧候儀如何与有之者両判事封切写候而掛御目可申
由被申付候由

(24-05)

〃九月十四日、朴同知と朴僉知とが入館してきた。裁判方へ又々
[封のままの]返翰を持参し、申し伝えて来たことは[以下の通り
である。]一昨夜お話し下さったことは、その通りを[そのまま]
具に接慰官へ申し伝えました。すると接慰官の申されたこと
は、本書を[そのまま]差し遣わした事は、格別の理由が有る事で
はない。本書を御目に掛け、尚、お考えがあれば、お聞かせ頂
きたいと、そのような考えで本書を御覧に入れたのである。[さ
て御意見は果たして]如何で有ったろうかと[そのように接慰官は
申されていたとのことである。さらに接慰官の言葉として]両判
事が[自ら本書の]封を切り[その内容を直接]筆写し[正官殿に]御
目に掛けるようにと[そのような事までも]申し付けられて来たと
[ここで彼らは]申し述べた[註7]。それゆえ、

(24-05)

〃9월 14일, 박동지와 박첨지가 입관했다. 재판에게 또 [봉한] 반한
을 지참하여, 말한 것은 [이하와 같다.] 그저께 밤에 말씀해 주신

것은, 그것을 [그대로] 자세히 접위관에게 말씀드렸습니다. 그러자 접위관이 말씀하시기를, 본서를 [그대로] 보낸 것은 특별한 이유가 있는 것이 아니다. 본서를 보시고, 다른 의견이 있으시면 듣고 싶으셨다고, 그와 같은 생각으로 본서를 보내드린 것입니다. [그런데 의견은 과연] 어떠하셨는지 라고 [그렇게 접위관이 말씀하셨다는 것이다. 또 접위관의 말이라며] 양 판사가 [스스로 본서의] 봉을 열어 [그 내용을 직접] 필사하여 [정관님에게] 보여드리도록 하라고 [그 같은 일도] 지시했기 때문에 온 것이라고 [그들이] 말했다. 그렇기 때문에

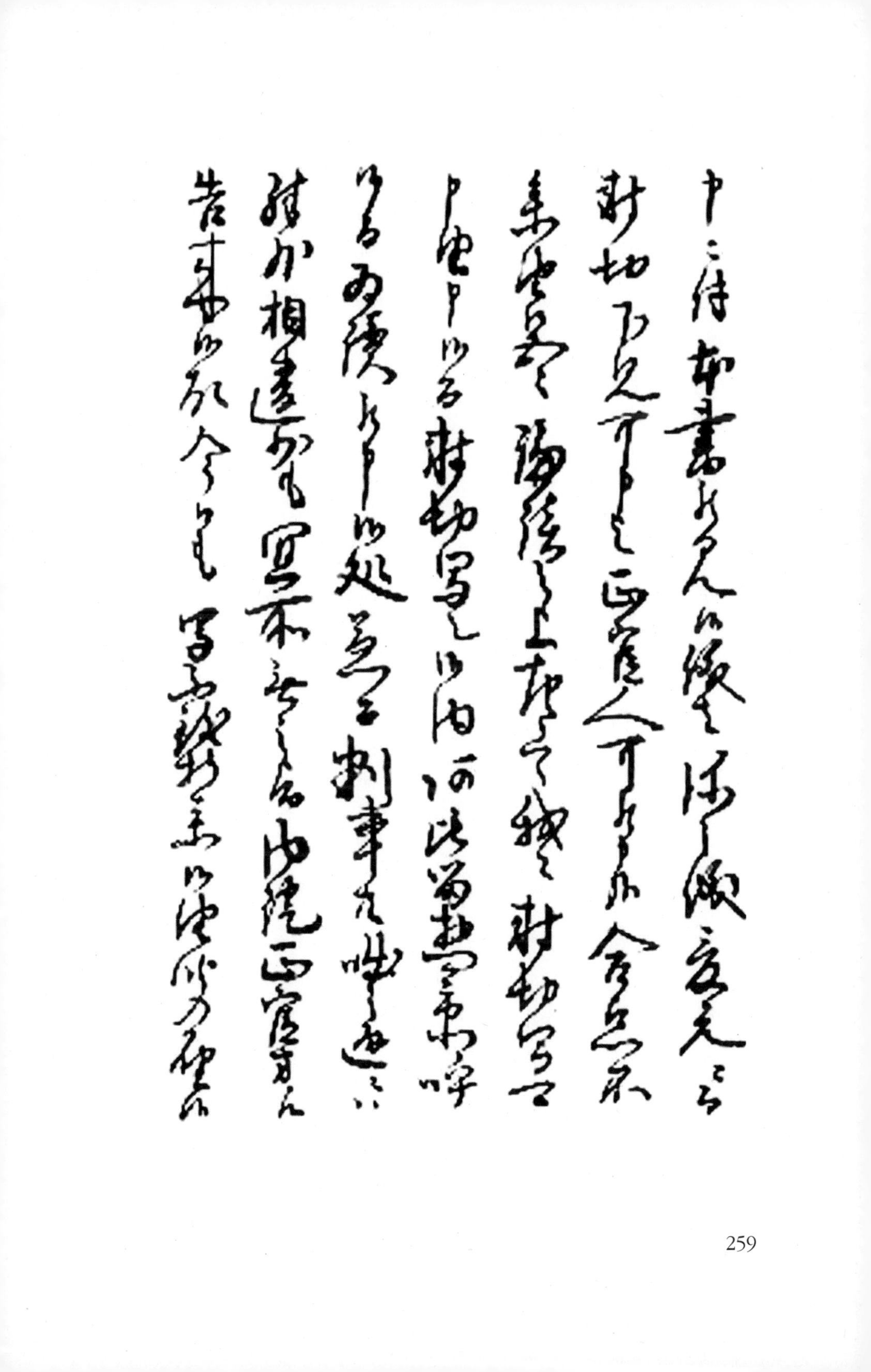

申二付本書被見候儀者弥之儀爰元二而封切下見可申与正官人可被申哉
合点不参由色々論談之上左候ハ、我々封切写可申由申候而封切写シ
候内阿比留惣兵衛呼候而為読被申候処兼而判事共咄之通二ハ殊外相違
少も冝所無之旨内証正官方^江告来候故今日も写不致持参候由聞届候

それに付いて[こちらの役官が応対したことは]この本書を[開封し、直
に]拝見するという事は、いよいよの時の事で[そのような時には]こち
らで封を切り[我ら自らが本書の]下見をする。おそらく正官人も、そ
のように申されるであろうと[そのように両訳官と話しを交わしてい
た。さらに、この合点の参らぬ返翰について、その]合点の参らぬ理
由を色々と挙げ[裁判方へ集まった皆で、あれこれと]議論を重ねてい
た。その上で、もうそのようであれば[この裁判方で]我々が封を切
り、それを写してしまおうということになった。そこで[実際に]封を
切り、それを写している内に、阿比留惣兵衛を呼び、これを読ませて
見た^(註8)。すると、兼ねてから判事共が話していたような、その通り
のままの内容ではなかった。殊のほか相違があり、少しも[こちらに
とって]宜しい所は無かった。この[ような相違のある]趣旨を、内証だ
として[彼らは]正官方へ告げていたのである。今日も写しを持参しな
い理由を[あれこれと掲げ、責任回避の論を]告げていた。

그것에 대해 [이쪽 역관이 대응한 것은] 이 본서를 [개봉하여, 직접]
배견한다고 하는 것은, 어찌할 수 없을 때의 일로 [그러할 때는] 이쪽
에서 봉을 열고 [우리들 자신이 본서의] 점검을 한다. 아마 정관도 그
렇게 말씀하실 것이다라고 [그렇게 양 역관과 이야기를 나누었다. 또

이 이해할 수 없는 반한에 대해, 그] 이해가 안 되는 이유 여러 가지를 들며 [재판 쪽에 모여 모두가 이것저것의] 논의를 거듭하고 있었다. 그런 후에, 이미 그렇게 되었으니 [재판 쪽에서] 우리들이 봉을 열고, 그것을 복사해 버리자는 것으로 되었다. 그리고 [실제로] 봉을 뜯고, 그것을 복사하고 있는 동안에, 아비루 소우베에를 불러, 이것을 읽혀 보았다. 그러자, 전부터 양 판사가 말하고 있었던 것처럼, 그대로의 내용이 아니었다. 의외로 상위가 있고, 조금도 [이쪽에게] 좋은 곳이 없었다. 이[처럼 상위가 있는] 취지를, 비밀로 해서 [그들은] 정관 측에 보고하고 있었던 것이다. 오늘도 사본을 지참하지 않은 이유를 [이것저것 들며 책임 회피론을] 말하고 있었다.

両判事^江対面候而可申渡与存居候処今朝より腹痛候付先今日者両人被
差返候へ今日者可致養生候間明日致入館候様ニ被申渡候へ書簡之儀者
必封切不被申様ニ与諸岡助左衛門を以申遣ス両人帰候節写之儀者留置
候へと申候得共正官人より封も不切候様ニ与申来候上ハ写留置候儀遠
慮ニ候由申候而本書写共ニ差返し候由裁判都船主申聞候

そこで[正官へ連絡し]両判事へ対面して頂き、このような[相違ある
内容である旨を告げ、その虚偽報告について叱責を]申し渡すべきだ
と思った。だが[あいにく正官は]今朝から腹痛があり[業務を遂行す
ることができなかった。そこで]先ず今日のところは両人を差し返し
[静かに]養生を致すということになった^(註9)。それで明日また[再び]
入館を致すようにと[彼らに]申し渡しておいた。書簡の事について
は、必ず、封を切ったことを報告しないようにと、諸岡助左衛門を
以て[彼らに強く]申し渡しを行った。両人が帰る折、写しを[こちら
に]留め置いてはと言ってくれたが、正官からは[まだ]封を切らぬよ
うにと御指示があったので、その写しを[こちらに]留め置くことは遠
慮した。そのような事で、本書と写しとを、共に[あちらに]差し返し
た。そのようなこと[があったこと]を裁判と都船主は聞いた。

그래서 [정관에게 연락하여] 양 판사와 대면하여, 이처럼 [상위한 내
용의 뜻을 알려, 그렇게 허위로 보고한 것을 질책하는] 말을 해야 한
다고 생각했다. 그러나 [공교롭게 정관은] 오늘 아침부터 복통이 있어
[업무를 수행할 수 없었다. 그래서] 일단 오늘은 양인을 돌려보내 [조
용히] 양생하기로 했다. 그래서 내일 [다시] 입관하도록 하라고 [그들

에게] 말해두었다. 서간의 일에 대해서는, 반드시, 봉을 뜯은 것을 보고하지 말도록 하라고, 모로오카 자에몬을 시켜 [그들에게 강하게] 말해두었다. 양인이 돌아갈 때, 사본을 [이쪽에] 남겨두면 어떻겠느냐고 말했으나, 정관은 [아직] 봉을 열지 말라고 지시해 두었기 때문에, 이 사본을 [이쪽에] 남겨두는 것은 사양했다. 그렇게 해서, 본서와 사본을 같이 [저쪽에] 돌려주었다. 그러한 일[이 있었다는 것을] 재판과 도선주는 들었다.

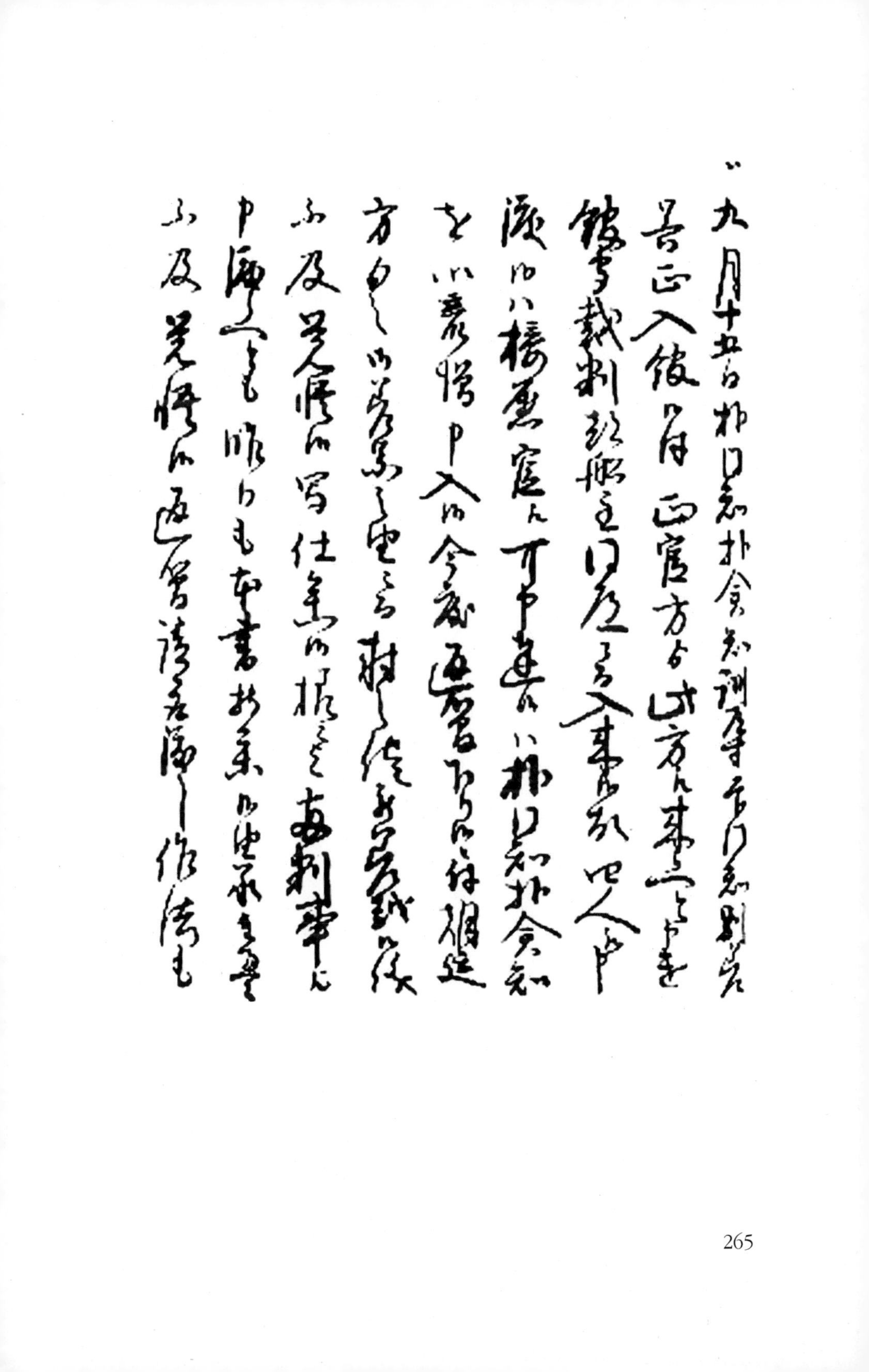

(24-06)

〃九月十五日朴同知朴僉知訓導卞同知別差呉正入館候付正官方よ
り此方〔江〕来候へと申遣館守裁判都船主同道〔二〕而入来候故四人〔江〕申
渡候ハ接慰官〔江〕可申達候ハ朴同知朴僉知を以荒増申入候今度返簡
下り候〔二〕付朝廷方より之御差図之由〔二〕而封之侭被差越候儀不及覚
悟候写仕参候様〔二〕与両判事〔江〕申渡候へとも昨日も本書持参候由承
重畳不及覚悟候返簡請取渡し作法も

(24-06)

〃九月十五日、朴同知と朴僉知、そして訓導の卞同知と別差の呉
正とが[和館に]入館してきた。正官方から、こちらへ来て頂きた
いと[彼らに]連絡があり、館守、裁判、都船主が同道し[正官方
へ]入って行った。そこで四人へ[正官から次のような]申し渡し
があった。すなわち、接慰官へ申し伝えることがある。朴同
知、朴僉知を以て[先だって]概略の申し入れをしておいたが、今
度の返翰の下ったことに付いて[こちらの意見を申し述べてお
く。]これは朝廷方からの御差図の由で、封の侭に[こちらへ]差
し渡すようにという事であった。[このようなことは]思いも寄ら
ぬ事である。その写しを持参するようにと、両判事へ申し渡し
ておいたが、昨日も[封のままの]本書を持参しただけで[なおも
写しを持参して来なかった。]そのような事を聞くにつけ、さら
に思いも寄らぬことと驚いている。[本来なら]返翰の受け取り、
受け渡しという作法が

(24-06)

〃9월 15일에 박동지와 박첨지, 그리고 훈도 변동지와 별차 오정이 [화관에] 입관했다. 정관 쪽에서, 그쪽으로 왔으면 좋겠다고 [그들에게] 연락이 있어, 관수, 재판, 도선주가 동도하여 [정관 쪽으로] 들어갔다. 그곳에서 4인에게 [정관이 다음과 같은] 말씀을 하셨다. 즉 접위관에게 전할 말이 있다. 박동지 박첨지에게 [먼저] 개략을 말해두었으나, 이번 반한이 내려온 것에 대해 [이쪽의 의견을 말해둔다.] 이것은 조정 쪽의 지시이기 때문에, 봉한 채로 [이쪽에] 건네도록 하라고 했다는 것이었다. [이 같은 일은] 생각도 못한 일이다. 그 사본을 지참하도록 하라고, 양 판사에게 말해두었으나, 어제도 [봉한 채로] 본서를 지참했을 뿐 [여전히 사본을 지참하지 않았다.] 그러한 것을 듣고, 다시 생각할 수도 없는 일이라고 놀라고 있다. [원래라면] 반한의 수취, 양도라고 하는 작법이

有之儀ニ候殊ニ是者　東武江上り候返簡下々ニ為持両判事を以請取候様ニ
与之被成方曾而合点不参候両判事咄承候へハ御返簡之書面不得其意
候乍然　東武江差出候而も接慰官ニ者不苦思召候哉存寄有之而申達候共
御相談不被成御心入ニ候哉封進宴席之時分御契約之趣四人之者具為存
儀ニ候虚言被仰候儀恥与不思召上ハ無了簡候

有る筈である。だが[これが今回は守られていない。]殊に、これは東
武へ上申する筈の返翰であり[正式の書簡である。ならば]下々に持た
せて行うようなものではない。つまり両判事を以て受け取りや受け
渡しをするようなものではない。[接慰官から正官へと、正しく受け
渡しが成されなければ成らぬものである。]このような[礼儀を無視し
た]成され方は、全く合点の参らぬことである。両判事から話しを
承った所、この御返簡の書面は[我々の]意図を汲むものではないよう
である。[そのようなものでは東武へ差し上げることはできない。]し
かしながら、これを東武へ差し出しても、接慰官[の御理解からすれ
ば]なにも支障は無いものと思われたのであろう。そのように[軽く]
お考えになる所が有って、こうして伝達に至ったのであろう。だが
[こちらに予め]御相談に成られぬ[強引な遣り方は、やはり御誠信に
欠ける]御心入れである。封進宴席の時[互いに取り交わした]御契約
の趣旨については[その折、その方ら]四人の者にも具に知らせて置い
たことで[予め皆に]承知させていた内容である。それが虚言となり、
こうして[封の偽の本書として]伝達されて来たことは[接慰官御自身
が]恥とお考えにならなければ了解できないことである。

있기 마련이다. 그러나 [이것이 이번에 지켜지지 않았다.] 특히, 이것은 동무에 상신해야 하는 반한으로 [정식 서간이다. 그렇다면] 아랫사람을 시켜서 보낼 일이 아니다. 즉 양 판사를 시켜 수취하거나 양도할 사안이 아니다. [접위관이 정관에게, 바르게 건네주고 받지 않으면 안 되는 것이다.] 이와 같은 [예의를 무시한] 처사는 전혀 이해할 수 없는 일이다. 양 판사한테 이야기를 들었을 때, 이 반간의 서면은 [우리들의] 의도를 받아들인 것 같지는 않은 것 같다. [그러한 것으로는 동무에 올릴 수 없다.] 그러나, 이것을 동무에 바쳐도, 접위관[이 생각하는 것은] 아무런 지장이 없다고 생각한 것 같다. 그렇게 [가볍게] 생각하는 것이 있어, 이렇게 전달한 것일 것이다. 그러나 [이쪽에 미리] 상담을 하지 않는 [무모한 처리방법은, 역시 성신이 없는] 마음가짐이다. 봉진연석 시 [서로 주고 받은] 계약의 취지에 대해서는 [그때, 그쪽에서] 4인에게도 자세히 알려두었던 일로 [미리부터 모두에게] 알려주었던 내용이다. 그것이 허언이 되어, 이렇게 [봉한 본서를] 전달한 것은 [접위관 자신이] 부끄럽게 생각하지 않으면 안 될 일이다.

兎角面談ニ不申入候而不叶存寄御座候間不時ニ接待可仕候間明日ニも
太廳江御越被成候へ且又今度持渡之返簡不致到来候由承候状之返事不
請取致帰国候事曾而不罷成事ニ候早々下り候様可申達旨四人江申渡ス
卜同知呉正儀者若両判事申落も有之而ハ如何ニ存相加へ候能々申達候
へと通詞中山加兵衛諸岡助左衛門を以申渡ス

兎も角も[拙者が接慰官に]お目に掛かり、直接お話しを申し入れなけ
れば[到底]叶わぬことである。それゆえ臨時の会談を致したいので、
明日にも大庁へ御越し願いたい。そして[打開策について、是非、話
し合いを持ちたいと思う。]又[我々が]今度持ち渡って来た書簡に対
しても、未だ返翰が到来していない。[このことに関しても]その返事
を承りたい。[使者として持ち渡った]書簡に対し、その返事を受け取
らぬまま帰国することは[使者の役割として]決して許される事ではな
い。早々に[こちらの方の]返翰も下るよう[都表へ]申し上げていただ
きたい。そのような旨を、ここで四人へ申し渡した。卜同知や呉正
など[にも申し聞かせたこと]は、もし両判事が[この伝言を]申し落し
するようなことが有ってはならぬと考えたからである。ここに[さら
に二人を]相加え[この話しを聞かせ]たのである。よくよく[聞き置い
て、充分に理解し、正しく接慰官へ]申し伝え欲しい。このように通
詞の中山加兵衛と諸岡助左衛門を以て、四人に申し渡した[註10]。

어쨌든 [졸자가 접위관을] 뵙고 직접 이야기하지 않으면 [아무래도]
안 되는 일이다. 그렇기 때문에 임시회담을 하고 싶으니, 내일이라도
대청으로 오셨으면 한다. 그리고 [타개책에 대해, 반드시 이야기하고

싶다고 생각한다.] 또 [우리들이] 가지고 건너온 서간에 대해서도 아직 반한이 오지 않았다. [이 일에 대해서도] 그 답을 받고 싶다. [사자로서 가지고 건너온] 서간에 대한, 그 답을 받지 않은 채 귀국한다는 것은 [사자의 역할로서] 절대 용서될 수 있는 일이 아니다. 빨리 [이쪽의] 반한도 내려오도록 [도성에] 말씀드려 주었으면 한다. 그와 같은 뜻을 이곳에서 4인에게 말했다. 변동지나 오정 등[에게도 듣게 한 것]은, 혹시 양 판사가 [이 전언을] 빠뜨리는 일이 있어서는 안 된다고 생각했기 때문이다. 그래서 [더 두 사람을] 더하여 [이 이야기를 들려준] 것이다. 잘 [들어 두었다가, 충분히 이해하여, 똑바로 접위관에게] 전해 주었으면 한다. 이렇게 통사 나카야마 카베에와 모로오카 자에몬을 시켜 4인에게 전하게 했다.

(24-07)

〃九月十六日朴同知朴僉知訓導卞同知別差呉正入館裁判宅〈江〉罷出接
慰官よりノ返答申聞候ハ不時之接待之儀被仰下候此段者東莱〈江〉被
仰懸候而も都之差図変不申候而者難成候増而接慰官〈江〉者猶以之儀〈二〉
御座候扨御持渡之御書簡之返簡之儀被仰聞候今度差下候返簡〈二〉委
曲致

(24-07)

〃九月十六日、朴同知と朴僉知そして訓導の卞同知と別差の呉正
とが入館してきた。裁判宅へ罷り出て、接慰官からの返答を[以
下のように]申し伝えて来た。臨時の会談の事を[正官殿は]お申
し出になられたが、この事は[出先に過ぎない]東莱府へ仰せ懸け
られても、都の差図が変らなければ、とても出来ることではな
い。まして接慰官へ[直接に申し掛けられても、朝廷の御方針が
あり、それが定まっている以上、接慰官自らの判断では]猶もっ
て出来ることではない。さて[今回]御持ち渡りなさった御書簡に
対する返翰の事を、お聞かせ下さった。だが今度[都から]差し下
された返翰には、その[返答となる内容が]委曲を尽くして

(24-07)

〃9월 16일에 박동지와 박첨지, 그리고 훈도 변동지와 별차 오정이
입관했다. 재판댁에 가서, 접위관의 반답을 [이하처럼] 전해 왔
다. 임시회담을 [정관님은] 요구하셨으나, 이 일은 [출장소에 불
과한] 동래부에 말씀을 하셔도, 도성의 의도가 변하지 않으면, 아

무엇도 할 수 있는 일이 없다. 하물며 접위관에게 [직접 말씀하셔도, 조정의 방침이 있어, 그것이 정해진 이상, 접위관의 판단으로는] 더 할 수 있는 일이 없다. 그런데 [이번에] 가지고 오신 서간에 대한 반한의 건을 말씀해 주셨다. 그러나 이번에 [도성에서] 내려온 반한에는, 그 [반답이 되는 내용이] 자세하게

書載候付別而不及返簡候由都より申参候故可仕様も無之候由朴同知
口上申終り候ニ付此外ニ申落等無之候哉朝鮮口ニ而承リ候へと此方通
詞ニ申付卞同知[江]相尋候時別而相変儀無御座候接慰官首訳儀者引取申
様ニ与申来候幾日比被登候与之儀者不相知候由訓導申候趣館守裁判都
船主

[ともに紙面に]書き載せてある。だから別途の返翰を差し下すまでの
ことでは無い。そのように都からの伝達があった。それゆえ[改めて
新たな返翰を、御使者に]差し上げる理由は無い。このような朴同知
の口上であった。その口上の申し述べが終った所で[正官から]この外
に[接慰官から伝えられたことで]申し落としたことは無いかと、それ
を朝鮮の言葉で尋ねるよう、こちらの通詞に申し付けた。そして卞
同知へ、このことを尋ねた時、格別に変ったことは御座いません
が、接慰官や首訳には[この後、都へ]引き揚げるようにと[都から]御
命令が来ておりました。幾日の頃に[都に]登られる事になるのかは知
りませんがと、このような事を、この訓導が話し出した。それを聞
いて、これを館守、裁判、都船主、

[같이 지면에] 기록하였다. 그러므로 별도의 반한을 내려보낼 필요가
없다. 그렇게 도성에서 전해 왔다. 그렇기 때문에 [특별히 새로운 반
한을 사자에게] 바칠 이유가 없다. 이 같은 박동지의 설명이었다. 그
구상의 진술이 끝났을 무렵에 [정관이] 그 외에 [접위관이 전달하라
는 것에서] 빠진 것은 없는가라고, 그것을 조선 언어로 묻도록 하라
고, 이쪽의 통사에게 명했다. 그리고 변동지에게, 이 일을 물었을 때,

각별히 변한 것은 없습니다만, 접위관이나 수역에게는 [이후에 도성으로] 철수하도록 하라고 [도성에서] 명령이 내려왔습니다. 며칠경에 [도성으로] 올라가게 되실지는 알지 못합니다만 이라고, 이 같은 일을, 훈도가 이야기했다. 그것을 듣고, 이것을 관수, 재판, 도선주

正官^江申聞候故返答申遣候ハ不時之接待都より之御差図^二而無御座候
得ハ難成由不得其意儀存候
両国ヶ様之大切成申詰^二者毎日も接待可有之事^二候左候ハ、東莱^江立
帰^二罷越可得御意候乍然御迷惑被成儀も可有之与存押而者不申入候御
返簡御紙面之儀を申^二而曾而

そして正官へ申し伝えた所[再び訳官たちに]返答を申し遣わすことに
なった。すなわち臨時の会談が、都からの御差図が無くては出来な
いとのことであるが、そのような事は[到底]理解できないことであ
る。両国の関係が[危うくなり、今や一触即発の]大変な事態に陥って
いる。[ここは是非とも]申し詰めを行うべき段階に立ち至っている。
これは[はっきり言えば]もう毎日でも会談が有るべきである。[何と
か合意の糸口を見出さなければならない。]そうであれば[その方ら、
早速]東莱府へ立ち帰り[接慰官に伝えて欲しい。こちらに出て来られ
ないのであれば、拙者がこちらから東莱へ]罷り越し[相談事の]御意
を得たいとまでも考えていると。然しながら[こちらから押し掛けて
東莱府へ赴けば、国禁に触れる事になり]御迷惑に成られることも有
るであろう。それゆえ押して[この事について]は申し入れないでお
く。[ただ会談を行いたいと、そのような申し入れを、この際、行う
だけである。]御返翰の御紙面の事について[その内容について、あれ
これと御相談を]申すのでは全く

그리고 정관에게 전하였더니, [다시 역관들에게] 반답을 말하여 보내
기로 했다. 즉 임시회담이, 도성의 지시 없이는 할 수 없다하나, 그와

같은 일은 [도저히] 이해할 수 없는 일이다. 양국의 관계가 [위험하게 되어, 지금 일촉즉발의] 엄청난 사태에 빠져 있다. [이것은 꼭] 상의해야 하는 단계에 이르렀다. 이것은 [확실히 말하자면] 매일이라도 회담해야 한다. [어떻게든 합의의 실마리를 찾지 않으면 안 된다.] 그러하니 [당신들은, 서둘러] 동래부로 돌아가 [접위관에게 전해주었으면 한다. 이쪽으로 올 수 없다면, 졸자가 이쪽에서 동래부에] 넘어가 [상담]을 하고 싶다는 생각을 하고 있다고 전해달라. 그렇지만 [이쪽에서 동래부에 가게 되면, 국금을 어기는 일이 되어] 폐를 끼치는 일도 있을 것이다. 그렇기 때문에 억지로 [이 일에 대해] 요구하지 않겠다. [그저 회담을 하고 싶다고, 그러한 요구를, 이 기회에, 신청할 뿐이다.] 반한의 지면에 대해서 [그 내용에 대해서, 이것저것의 상담을] 요구하는 것은 절대로

無御座候兎角者掛御目不申入候而不叶儀＝候間御返事次第可仕候接慰
官之儀御上京被成候様＝与都より御差図＝候由御帰京之儀兎も角もと
ハ存候ヘ共左様之御作法も有之事＝候哉就夫弥掛御目申談候上如何様＝
も御心次第＝存候由申遣ス

無い。兎も角も御目に掛かり[直接]申し入れなくては叶わぬ事がある。それ
ゆえ[会談を行いたいのである。]御返事を直ぐにも頂きたいので[その御連
絡をいただきたい。]接慰官の御事情については[早々に]御上京に成られる
様にと、都からの御差図があるという。その御帰京の事で兎角[御多忙であ
ろうとは]思うが、右に申したような[接待会談の]御作法も有る事であり[こ
うして申し入れを行う次第である。]それに就いて[御同意を頂き]いよいよ
御目に掛かり[接慰官からの直接の伝達を頂きたい。その場で]語り合いが成
された上であれば[その後は]如何様にも[接慰官の]御心次第になさって構わ
ない。そのように申し伝えさせた(註11)。

아니다. 어쨌든 만나 뵙고 [직접] 요구하지 않으면 안 되는 일이 있다.
그렇기 때문에 [회담을 하고 싶은 것이다.] 답을 금방이라도 받고 싶
기 때문에 [그 연락을 받고 싶다.] 접위관의 사정에 대해서는 [서둘러]
상경하도록 하라는, 도성의 지시가 있었다 한다. 그 귀경의 일로 어쨌
든 [다망하실 것이라고] 생각하나, 위에 말한 것과 같은 [접대회담의]
작법도 있어 [이렇게 요구를 하고 있는 것이다.] 그것에 대해 [동의를
얻어] 꼭 뵙고 [접위관한테 직접 전달 받고 싶다. 그 장소에서] 이야
기가 이루어지면 [그 후에는] 어떻게라도 [접위관의] 마음대로 하셔
도 상관 없다. 그렇게 전하게 했다.

九月十七日、初[illegible]

(24-08)

〃九月十七日朴同知朴僉知訓導卞同知入館都船主方^江罷出卞同知朝
鮮詞^二而此方通詞諸岡助左衛門を以接慰官返答申候ハ昨日被仰聞
候趣具^二承届候不時之接待之儀昨日申入候通都之差図ヲ得不申候
而者不罷成国法^二而御座候東莱^江御越思召寄被仰聞御帰可被成与
之儀是又決而不

(24-08)

〃九月十七日、朴同知と朴僉知、そして訓導の卞同知が入館し、
都船主方へ罷り出た。卞同知が朝鮮の言葉で、こちらの通詞の
諸岡助左衛門を以て接慰官の返答を申し伝えて来た。昨日仰せ
られた御趣旨については、具に承った。臨時の会談の事は、昨
日申し入れた通り、都の差図を得なくては罷り成らぬ国法であ
る。東莱府へ御越し下さり、お考えをお話しになられ、そして
御帰りに成られるという事も、是また[国法の上からは]決して

(24-08)

〃9월 17일에 박동지와 박첨지, 그리고 훈도 변동지가 입관하여,
도선주 쪽으로 나갔다. 변동지가 조선말로, 이쪽 통사 모로오카
자에몬을 통해 접위관의 답을 전해 왔다. 어제 말씀하신 취지에
대해서는 자세히 들었다. 임시회담의 일은 어제 말씀드린대로,
도성의 허가를 받지 않으면 안 된다는 것이 국법이다. 동래부로
넘어 오셔서, 생각을 말씀하시고, 돌아가신다고 하는 것도, 이것
역시 [국법상으로는] 결코

罷成儀゠候先頃より段々御懇゠被仰聞候へハ掛御目申談度候へ共右之
仕合故不罷成候被仰聞度儀を不承候者残念存候首訳口上゠も申落有之
物゠候間御書付被成可被遣候致拝見候而御返答可申入候私上京之儀も
都より之差図゠御座候へハ可仕様も無御座候右之通都より申来候上者
何事御座

罷り成らぬ事である。先頃から色々と御懇ろにお話し下さったこと
は[こちらも同様に直接]御目に掛かり[詳しく]語り合いたいと思って
いる所である。しかし右の如く[都からの指図として]仕っているた
め、罷り成ることではない。お話しになりたい事を承らぬままでは
[こちらも同様に]残念に思う次第である。[言伝てとして]首訳の口上
に[任せると、あるいは]申し落しも有るように思うので、御書き付け
にして[こちらに]遣わされるように[お願いする。]それを拝見し、御
返答を致したい。私の[この度の]上京の事は都からの差図であり[そ
れゆえ]仕方の無いことである。そして右の通りに都から[差し下され
た返翰については、封のままであり、もう変更を許さぬという強い]
御指示であった。この上は何事が

해서는 안 되는 일이다. 전날부터 여러 가지로 정성껏 말씀해주신 것
은 [이쪽도 마찬가지로 직접] 뵙고 [자세히] 이야기하고 싶다고 생각
하는 바이다. 그러나 위와 같이 [도성의 지시를 받아] 일하고 있기 때
문에, 할 수 있는 일이 아니다. 이야기하고 싶으신 것을 듣지 못한다
는 것은 [이쪽도 마찬가지로] 유감으로 생각하는 바이다. [전언하는

것으로 해서] 수역의 구상에 [맡기면, 혹시] 빠뜨리는 것도 있을 것으로 생각되기 때문에, 서부로 해서 [이쪽으로] 보내주실 것을 [원한다.] 그것을 배견하고 반답하고 싶다. 나의 [이번] 상경건은 도성의 지시로 [그래서] 어쩔 수 없는 일이다. 그리고 위와 같이 도성에서 [내려온 반한에 대해서는, 봉한 것으로, 어떠한 변경도 허가하지 않는다는 강한] 지시였다. 이런 이상은 어떤 일이

候而も注進之道絶申候然上者東莱へ接慰官居申候茂致上京候も同前
之儀ニ御座候故二三日中発足之覚悟御座候御書付之御返答申迄之儀ニ
御座候由都船主入来卜同知口上助左衛門申聞も具承届候間判事三人
先相待候へと都船主并助左衛門江申渡ス

あっても[もう]注進の道は絶えてしまった。このようになったからに
は、東莱府に接慰官が居ても[居なくても]あるいは上京致しても[致さな
くても]同じ事である。[残念なことであるが、もう正官殿の、お役には
立てない。]それゆえ二、三日中に[この地を]出発するつもりである。
[正官殿の]御書き付けに対し[こちらの]御返答を申す迄の[今、僅かな時
間的余裕があるだけ]である^(註12)。このようなことを、都船主と共に
入って来た卜同知が口上し、それを助左衛門が申し聞き[逐一、通訳を
した。接慰官の語った内容を]具に承ったので、判事三人に対し、少し
待つようにと都船主ならびに助左衛門を介し、申し渡した。

있어도 [이미] 주진의 길은 끊어지고 말았다. 이렇게 된 이상은, 동래부
에 접위관이 있어도 [있지 않아도] 또 상경해도 [상경하지 않아도] 같은
일입니다. [유감스러운 일입니다만, 이미 정관님에게 도움이 되지 못합
니다.] 그렇기 때문에 2, 3일 중에 [이곳을] 출발할 계획입니다. [정관님
의] 서부에 대해서는 [이쪽에서] 반답을 할 때까지 [지금 약간의 시간적
여유가 있을 뿐]이다. 이 같은 일을 도선주와 같이 들어온 변동지가 말
하고, 그것을 스케자에몬이 듣고, [그것을 일일이 통역했다. 접위관이
이야기한 내용을] 자세히 들었기 때문에, 판사 3인에게, 조금 기다리도
록 하라고, 도선주 및 스케자에몬을 중개로 해서, 말을 전했다.

(24-09)

〃裁判都船主呼ニ遣シ接慰官江返答申遣候ハ不時之接待決而難成旨
被仰聞候日本朝鮮ケ様之大事入組候者毎日も接待可有之事ニ候又
東莱江罷越候とて朝鮮之御難ニ罷成儀可有之哉一々

(24-09)

〃裁判と都船主を[以て、判事三人を]呼びに遣わし、接慰官へ[以下
の]返答を申し遣わした。すなわち臨時の会談は、どうしても成り
難いことと、そのような御趣旨を承った。だが日本と朝鮮との間
では、このような大事、入り組んだ事情[が、もう生じてしまっ
た。それゆえ]毎日でも会談が有るべき段階である。また東莱府へ
[拙者が直接]罷り越すという事になれば、朝鮮の[法に抵触し、関
わる者たちが]御難に遭う事が有り得るとのことである。これら一
つ一つのことが

(24-09)

〃재판과 도선주를 [시켜, 판사 3인을] 부르러 보내며, 접위관에게
[이하의] 반답을 보냈다. 즉 임시회담은 아무래도 하기 어려운
일이라는, 그 같은 취지를 들었다. 그러나 일본과 조선 사이에는
이 같은 큰일이, 뒤얽힌 사정[이 이미 생기고 말았다. 그렇기 때
문에] 매일이라도 회담을 해야 하는 단계이다. 또 동래부에 [졸
자가 직접] 넘어간다고 하는 일이 되면, 조선의 [법에 저촉되어,
관계하는 자들이] 곤란에 처하는 일이 있을 수 있다는 것이다.
이것들 하나하나가

不得其意候乍然其上を押而も如何ニ存候付口上書を以申達候此方之儀
文筆愚ニ有之候へハ心ニ存候十ニ一も難書述候荒増申進候通唯今之御
返簡御仕方にてハ事破候儀目前ニ存極候両国大事出来候而者接慰官も
御本望ニ者有之間敷候都より之御差図与有之而何事も被任其意候儀御
器量共不存唯御身構被成候与

[こちらからすれば]理解できないことである。然しながら、其の上を
押して[無理やり]申し入れても、どうかと思い、口上書を以て申し伝
えることにした。こちらは文筆の才が拙いため、心に思うことを述
べようとしても、その十に一つも書き述べることは難しい[註13]。[こ
れまでの経緯で]あらまし申し伝えた通り、唯今[お渡し下さった]御
返翰では[交渉の]御仕方としては[もはや]破綻したという事である。
[互いに望まぬことではあるが、かつてのような戦乱が、いよいよ]目
前に迫っている。[そのような]両国の大事が[ここで]出現するとなれ
ば、接慰官殿ご自身も、望むところでは無い筈である。都からの御
差図と有るが、何事も其の[御差図のままに]心意を委ね、任され動く
ことは[そのような大事を招くことになりかねない。この点は果たし
てどのようにお考えになるのか。接慰官殿の]御器量の大きさからす
れば[このように流され動くなどとは、拙者には到底]理解できないこ
とである。唯、御自身の[御立場を考え、用心に用心を重ね]身構えて
おられる事と、

[이쪽에서는] 이해할 수 없는 일이다. 그렇지만 그 이상 무리하여 [억
지로] 요구하는 것도, 어떨까라고 생각되어, 구상서로 말을 전하기로

했다. 이쪽은 문필의 재주가 서툴기 때문에, 마음으로 생각하는 것을 이야기하려 해도, 그 열에 하나도 기록하기 어렵다. [지금까지의 경위로] 대충 말로 전한 대로, 지금 [건네주신] 반한으로는 [교섭의] 방법으로서는 [이미] 파탄되었다고 말할 수 있는 일이다. [서로가 원하지 않는 일이나, 과거와 같은 전란이, 결국] 목전에 다가오고 있다. [그러한] 양국의 큰 일이 [여기서] 발생하는 것은, 접위관님 자신도, 원하는 일이 아닐 것이다. 도성의 지시라고 하는데, 어떤 일이고 그 [지시하는 대로] 마음을 맡기고, 맡겨진 대로 움직이는 것은 [그 같은 큰일을 초래하는 일이 되기 쉽다.] 이 점은 과연 어떻게 생각하시는지요. 접위관님의] 기량의 크기를 보면, [이 같이 흐르는 것 등은, 졸자로서는 도저히] 이해할 수 없는 일이다. 단 자신의 [입장을 생각하여, 주의에 주의를 거듭하여] 대비하고 계시는 일이라고,

存候今度之返翰兎角絶言語候ヘハ御心入承切帰国之覚悟ニ存極候一旦
国江も断りなく帰国之儀必定科ニ逢申儀覚悟之前ニ御座候接慰官も国
之為ニ者身命をも御捨急度御注進被成候儀御忠節与存候能々御思慮被
成候様ニ与申渡シ三人江口上書相渡ス

そのように思っている。今度の御返翰は、兎にも角にも言語に出せ
ぬ程、ひどいものである。[この上は、接慰官殿の]御心入れを[その
返信の御書面から]承り、ひたすら帰国する覚悟を決めたいと思う。
[交渉が決裂し]一旦、国へ[引き揚げるとなれば、使者の役割は失敗
である。その上]断りも無く帰国となれば、おそらく[この身は]科に
逢うことであろう。それも覚悟の上のことである。接慰官殿ご自身
も、国の為には身命をも投げ捨て、事に当たられると思う。今回
は、きっと[そのような心掛けで都へ]御注進に成られた事であろう。
御忠節であったと思っている。[そのようであるならば、さらに今一
度]よくよく御思慮下さる様にと、このような申し入れを、三人へ口
上書として手渡した。

그렇게 생각하고 있다. 이번의 반한은 어쨌든 말이 안 나올 정도로 심
한 것이다. [이런 이상은, 접위관님의] 배려를 [그 반신의 서면으로]
받아, 오직 귀국할 각오를 정하고 싶다고 생각한다. [교섭이 결렬되어]
일단, 나라로 철수하게 되면, 사자의 역할은 실패다. 그 위에] 예고도
없이 귀국하게 되면, 아마도 [이 몸은] 처벌받게 될 것이다. 그것도 각
오한 일이다. 접위관님 자신도, 나라를 위해서는 신명을 내던져, 일에
임하실 것으로 생각한다. [그렇다면, 지금 다시 한 번] 잘 사려하여 주
실 것을, 이 같은 요구를 3인에게 구상서로 해서 건네주었다.

嘉文左池へ

(24-10)

〃真文左記之

(24-10)

〃真文を左に記す。

(24-10)

〃한문을 아래에 기록한다.

荅書即下恢、

都下揩揮、欲對裏而度與之意首辭朴削僉知來論

是先例無此事也自葊無如此之事而令立新規不

堪惟惕兵吾尚曰、蔚陵字微難除則其事敬委曲

書中可諭云今開知

荅書辭意轉換如此則

荅書回下シ依テニ

都下ノ指揮ニ欲スルノニ封裏シテ而度ニ与セント之ヲニ意首訳朴同僉知来リ論ス

是レ先例無キノレ之レ事也自リ昔シ無シメニ如キノレ此ノ之事ニ而今マ立ツニ新

規ヲニ不レ

堪ヘニ怪愕ニ矣吾レ向ニ曰フ蔚陵ノ字倘シ難キトキハレ除キ則其ノ事故委曲

書中ニ可シトレ論ス云フ今マ聞知スルトキハニ

荅書辞意ノ転換如ナルコトヲレ此ノ則

接慰官への口上書

[真文]

荅書回下依

都下指揮欲封裏而度与之意首訳朴同僉知来論

是先例無之事也自昔無如此之事而今立新規不

堪怪愕矣吾向曰蔚陵字倘難除則其事故委曲

書中可論云今聞知

荅書辞意転換如此則

　[読み下し文]

接慰官への口上書

荅書を回下し、都下の指揮に依りて封裏して之を度与せんと欲する
の意、首訳の朴同僉知、来り論す。是れ先例これ無きの事也。昔より
此の如きの事無さしめて、今新規を立つ。怪愕(怪しみ驚く)に堪えず。
吾れ向に曰う、蔚陵の字倘し除き難きときは、則ち其の事故に委曲、

書中に諭す可しと云う。今、苔書辞意の転換、此の如くなることを聞
知するときは、則ち

(24-10)

[現代語訳]

接慰官への口上書

返苔の書簡が回下された。都表の指揮下に依って、これを封緘し[対
馬国へ]渡与しようという意図を受けた。それを首訳の朴同知と朴僉
知とが来て[こちらに]諭告した。これは先例も無い事である。昔か
ら、このような事(伝達の方式)は無かったのであるが、今、新たな規
則(方式)を立てたということである。怪しみ驚かざるを得ない。私が
以前、語ったことではあるが、蔚陵の文字を[書簡の中から]もし除き
難いときは、その理由を、委曲を尽くして書中に諭告すべきであ
る。今この返答の書簡を見ると[そのような記載は無い。また]その文
字および文意の運びには[いささか問題がある。]このような内容を見
聞きすれば、

(24-10)

접위관에게 보내는 구상서

반답의 서간이 돌아서 내려왔다. 도성의 지휘하에, 이것을 봉함하여
[쓰시마노쿠니에] 건네주려고 한다는 의도를 들었다. 그것을 수역 박
동지와 박첨지가 와서 [이쪽에] 구두로 설명했다. 이것은 선례가 없는
일이다. 옛날부터 이러한 일(전달방식)은 없었는데, 지금, 새로운 규
칙(방식)을 세웠다는 것이다. 이상하여 놀라지 않을 수 없다. 내가 이

전에 이야기한 일이기는 하지만, 울릉이라는 문자를 [서중에서] 삭제
하기 어려울 때는, 그 이유를 자세하게 서중에 설명해야 했다. 지금
이 반답의 서간을 보면 [그러한 기재는 없다. 또] 그 문자 및 문의의
흐름에 [약간 문제가 있다.] 이러한 내용을 견문하면

兩國生釁陰結禍胎無大於為誠此乃危急之秋恐懼之
日也今此
芩書轉達
東武則恐不可也竊想在
大人思慮如何也耳謀之愿之久誠信琢相好者
也歟嗚呼不謹小事須密於太事在其辦異不
辦語曰無懷慮者有近憂豈不嘆惜乎

両国生^シ寠隙^ヲ結^{フコト}_ニ禍胎^ヲ_ニ無^シ_レ大^{ナルハ}_ニ於焉^{ヨリノ}_ニ誠^ニ此_レ危急^ノ之
秋^キ恐懼^ノ之
日^{ナリ}也今^マ此^ノ
苔書転達^{スルトキハ}_ニ
東武_ニ則恐^{クハ}不可^{ナランカ}也歟想^{フニ}在^ル_ニ
大人思慮如何^{ント云フ}_ニ也^{ノミ}耳謀^リ_レ之^ヲ慮^{ラハ}_レ之^ヲ欠^キ_レ誠信^ヲ玷^{クル}_レ相好^ヲ
者^{ナランヤ}
也歟嗚呼不^{シハ}_レ謹^マ小事^ヲ_ニ須^ク_レ至^ル_ニ於大事_ニ在^シ_ニ其^ノ弁^{ズルト}早^ク不^{ルトニ}_ニ
弁^セ語曰^ク無^キ_ニ遠^キ慮^リ_ニ者^{ノハ}有^リ_ニ近^キ憂^ヘ_ニ豈^ニ不^{シヤ}_レ嘆惜^セ乎

両国生寠隙結禍胎無大於焉誠此危急之秋恐懼之
日也今此
苔書転達
東武則恐不可也歟想在
大人思慮如何也耳謀之慮之欠誠信玷相好者
也歟嗚呼不謹小事須至於大事在其弁早不
弁語曰無遠慮者有近憂豈不嘆惜乎

両国<ruby>寠隙<rt>かげき</rt></ruby>を生じ、<ruby>禍胎<rt>かたい</rt></ruby>を結ぶこと、<ruby>焉<rt>これ</rt></ruby>よりの大なるは無し。誠に此
れ危急の秋、<ruby>恐懼<rt>きょうく</rt></ruby>の日なり。今、此の苔書、東武に転達するとき
は、則ち恐くは不可ならんか。想うに大人の思慮、如何んと云うに
在る也。之を謀り、之を慮らば、誠信を欠き相好を<ruby>玷<rt>か</rt></ruby>くるのみなら
んや。<ruby>嗚呼<rt>ああ</rt></ruby>、小事を<ruby>謹<rt>つつし</rt></ruby>まずんば<ruby>須<rt>すべから</rt></ruby>く大事に至るべし。其の弁ずると

早く弁ぜざるとに在らんに、語るに曰く、遠き慮り無きものは近き
憂い有り、豈に嘆惜せざらんや。

両国の間には寡隙(すきま)が生じ、禍胎(わざわい)を結ぶことになる。
その恐れが大いにある。誠にこれは危急の秋であり、恐懼の日々と
言うべきである。今この返答の書簡を東武へ転じ送達すれば、おそ
らく、どうにもならぬ事態に立ち至る。私が思うことは、接慰官大
人の[この危機的状況に対する]思慮は、果たしてどの程度のものであ
ろうか、ということである。この事を謀り、この事を慮れば[ことは
単純に]誠信を欠き、友好な関係を欠くというだけでは、もう済まさ
れない。嗚呼[実に心配である。]目の前の小事を謹まなければ、や
がて大事に至るであろう。この大事を[直ぐに]指摘するか、そうでは
なく、そう早くは指摘しないか、そこに[私と大人との見解の相違が]
在る。論語[衛霊公の段]には「人、遠きを慮り無きものは、必ず近き
に憂い有り(遠い将来のことまで考えて行動しないと、近いうちに必
ず心配事が起こる」とあるが、どうして[この危機打開の機会を逃す
ことを]嘆き惜しまないわけがあろうか。

양국 간에는 틈이 생겨, 재난을 부르게 된다. 그 무서움이 크다. 참으
로 이것은 위급의 가을로, 두려움의 매일이라고 말해야 한다. 지금 이
반답을 동무에 전하여 송달하면, 아마도, 어떻게 할 수 없는 사태에
이르게 된다. 내가 생각하는 것은, 접위관 대인의 [이 위기적 상황에
대한] 사려는, 도대체 어느 정도일까라는 것이다. 이 일을 계획하고,

이 일을 생각하면 [일은 단순히] 성신을 어기고, 우호관계를 해치는 것으로는 끝나지 않는다. 아아 [참으로 걱정이다.] 목전의 작은 일을 삼가지 않으면, 결국 큰일을 부르게 될 것이다. 이 큰일을 [바로] 지적하는가, 그렇지 않고, 그렇게 빨리 지적하지 못하는가, 그것에 [나와 대인의 견해에 차이가] 있다. 논어 [위령공의 단]에는 [사람은, 먼 장래의 일까지 생각하고 행동하지 않으면, 가까운 시일에 반드시 걱정하는 일이 생긴다]라고 있는데, 어찌하여 [이 위기 타개의 기회를 놓치는 일을] 한탄하지 않을 수 있겠는가.

大人慈、

朝廷處分可上京之事是不知何主意也什無所

牢止無班抵窩想以下

答書不當之語坐而自視於生大事、

大人為

國輕生重義、執若榮、

大人就テニ

朝廷ノ処分ニ可キノレ上京ス之事是レ不レ知ラニ何ノ主意ト云コトヲ也行クモ
無クレ所ロレ
牽ルル止ルモ無シレ所ロレ梶(註★「一ニ手ヘンナルヘシ」と行間にあり)メラルノ
窃カニ想フ以テ下
苔書不ルノレ当ラ之語ヲ上坐ニシテ而自ラ視シニ於生センコトヲ二大事ヲ一
大人為メニレ
国ノ軽シレ生ヲ重シテレ義ヲ一ヒ孰若シニ啓

大人就

朝廷処分可上京之事是不知何主意也行無所
牽止無所梶窃想以
苔書不当之語坐而自視於生大事
大人為
国軽生重義一孰若啓

大人、朝廷の処分に就て上京す可きの事、是れ何の主意と云うこと
を知らざる也。行くも牽るる所無く、止るも梶めらるるの所無し。
窃かに想う、苔書、当らざるの語を以て、坐にして自ら大事を生ぜ
んことを視るに、大人、国の為めに生を軽んじ義を重んじ、一たび
都下に啓

大人は朝廷の[今回の]成され方について[諫言のため]さらに[意を決

し]上京すべきである。このような[成され方が]どうして国王の御意
志と言うことになるであろうか[ことの本質を]誰も知らないのであ
る。その知らないままに事は進んで行くが[誰も意図的にこれを]牽い
ているわけではない。またそれを止めようにも[誰も気付いていない
ため、これを]制御できないのである。[今、そのような事情になって
いる。]私が密かに思うところは、次のような事である。すなわち、
返答の書簡が[この現実の状況に]ふさわしく無く、ただ語彙のみが
[勝手に]一人歩きをして、自ら大事を招いている。このことを視るに
つれ、大人が自らの生を軽んじ自らの義を重んじ、国のため今一
度、都にて[この事情を]上啓なされば

대인은 조정이 [이번에] 취한 처분을 [간언하기 위해] 다시 [뜻을 정
하고] 상경해야 한다. 이 같은 일을 [하시는 것이] 어째서 국왕의 의
지라고 말하는 것이 되는 것인지 [사건의 본질을] 아무도 알지 못하
는 것이다. 그렇게 알지 못한 채로 일이 진행되어 가는데 [누구도 의
도적으로 이것을] 이끌고 있는 것은 아니다. 또 그것을 막으려 해도
[누구도 알지 못하기 때문에, 이것을] 제어할 수 없는 것이다. [지금,
그런 상황에 놓여 있다.] 내가 가만히 생각하는 것은 다음과 같은 일
이다. 즉 반답의 서간이 [이 현실의 상황에] 어울리지 않고, 그저 어휘
만 [멋대로] 혼자 돌아다녀, 스스로 큰 일을 부르고 있다. 이것을 보
면, 대인은 스스로의 생을 경시하고 스스로의 의를 중히 여겨, 나라를
위해 지금 다시 한 번, 도성에서 [이 사정을] 상계하시면

聞都下不然

朝廷處置如此則無如之何也其答

聞與不恭

聞唯有

大人之思慮而已今此

答善蔣答

東武而木事倘生患難將起殆致感於萊州是敢

聞^{センニ}二都下^ニ乎然^{シテ}

朝廷^ノ処置如^{ナルトキハ}レ此^ノ則無^シ二如レ之^ノ何^{トモスルコト}二也其^ノ啓

聞^{スルト}与レ不^ル二啓

聞^セ二唯有^ル二

大人^ノ之思慮二而^{ノミ}已今^マ此^ノ

苔書転啓^{セハ}二

東武^ニ二而大事倘^シ生^シ患難将^ニレ起^{ント}勿レ致^{スコト}二憾^ヲ於弊州^ニ二是レ敝

聞都下乎然

朝廷処置如此則無如之何也其啓

聞与不啓

聞唯有

大人之思慮而已今此

苔書転啓

東武而大事倘生患難将起勿致憾於弊州是敝

聞せんに、孰若。然して朝廷の処置、此の如くなるときは、則ち之の如く何ともすること無き也。其の啓聞すると啓聞せざるとは、唯、大人の思慮に有る而已。今、此の苔書、東武に転啓せば、大事倘し生じ、患難、将に起んとす。憾を弊州に致すこと勿れ。是れ敝

[新たな道が開かれるのではないか。]お聞き入れが有るかどうか[不明ではあるが、その]いずれかは[すぐに]判明する。その結果、朝廷の御処置が、やはり今と同様であるなら、もうどうにも打つ手が無い事になる。そのような上啓をするか、せざるか、それは唯、大人の御思慮の中に有るだけである。今この返答の書簡を東武へ転送し上啓すれば、おそらく大事が生じ、　患難の事態が、まさに起きるであろう。そのような遺憾な結果を、弊州(対馬国)にもたらさないで欲しい。

[새로운 길이 열리는 것이 아닐까.] 효과가 있을지 어쩔지 [분명하지 않지만, 그] 어느 쪽인가는 [곧] 판명된다. 그 결과, 조정의 처분이, 역시 지금과 같다면, 어떻게 해볼 도리가 없게 된다. 그와 같은 상계를 하는가, 하지 않는가, 그것을 오직 대인의 사려에 달려 있다. 지금 이 반답의 서간을 동무에 전송하여 올리면, 아마도 큰일이 생겨, 환난의 사태가, 그야말로 일어날 것이다. 그와 같은 유감스런 결과를, 폐주(쓰시마노쿠니)에 초래하지 않았으면 한다.

差形如周旋盡意致論告也
大人諒察存心為照則不佻一次受
苔書而敘言歸且今番持来之書不為
回苔之意委曲可蒙
示論端肅不宣
甲戌年　九月　　日

差所ト以シ周旋シテ尽シテレ意ヲ致ス中論告ヲ上也
大人諒察シテ存字ノ為サハレ照コトヲ則不佞一決シテ受ケ二
苔書ヲ一而欲スニ言ニ帰ント一且ツ今番持来ルノ之書不ルノレ為サ二
回答ヲ一之意委曲可レ蒙ル二
示諭ヲ一端蕭不宣
甲戌年九月　日

差所以周旋尽意致論告也
大人諒察存字為照則不佞一決受
苔書而欲言帰且今番持来之書不為
回答之意委曲可蒙
示諭端粛不宣
甲戌年九月　日

差、以て周旋して意を尽さしめ、論告を致す所也。大人、諒察して存字の照ることを為さば、則ち不佞一決して苔書を受け、而して言に帰らんと欲す。且つ今番、持ち来るの書、回答を為さざるの意、委曲、示諭を蒙る可し。端粛不宣
甲戌年九月　日

これは敗れ去る使者の、なお以て周旋し、意を尽くそうとする心に出たもので、それゆえこうして論告するのである。大人は、この事を諒察し、存じ寄りの[欝陵嶋の]文字を照らし出し[その由来を、こちら

に]明らかにするならば、才覚の無い私ではあるが、ここに決断し、返答の書簡を受け取り、言う通りに帰ろうと思う。且つ又[ことのついでに]申し述べれば、今回こちらに持ち渡った書簡に対し、まだ回答が為されていない。この理由を、委しくご説明いただきたい。以上である。[ほうぼうを]端折り[ただ]粛々と述べたので、その意を充分には宣べ得ないで終わってしまった。了解せられたい。

甲戌年九月 日

이것은 패하여 물러나는 사자가, 다시 주선하여, 뜻을 다하려고 하는 마음에서 나온 것으로, 그렇기 때문에 이렇게 깨우쳐 알리는 것이다. 대인은 이 일을 양찰하여, 알고 계시는 [울릉도라는 문자를] 기록한 [그 유래를 이쪽에] 분명하게 해주면, 재각이 없는 나이지만, 여기서 결단하여, 반답의 서간을 수취하여, 말하는 대로 돌아가려고 생각한다. 그리고 또 [이 일에 대해] 말씀드리자면, 이번에 이쪽으로 가지고 건너온 서간에 대한, 회답이 아직 이루어지지 않았다. 이 이유를 자세히 설명해 주었으면 한다. 이상이다. [이것저것을] 언급하며 [그저] 엄숙하게 진술했기 때문에, 그 의미를 충분히는 말하지 못하고 끝나고 말았다. 양해해주기 바란다.

갑술년 9월 일

九月十九日朴月知入催劫船是方叱乎事

接原宦孝乙以文乙送署乃朴乎乎以氣多

裁判劫船乙同乃忿官方叱書案乙付阿比當

畫乙乎爲隆乙處事乙注乙變乙乎乎

乙處乙住壽佃乎切乃乙乙及乙乙乙付

朋定方思音乙入沒乙乙注乙乎乙乙乙成乎

(24-11)

〃九月十九日朴同知入館都船主方〔江〕罷出接慰官より真文之返答書持
来候故則裁判都船主同道正官方〔江〕持参ニ付阿比留惣兵衛ニ為読候
処重而注進決而不罷成候由委細ニ申切候而之返答ニ付朝廷方思召
入強ク御注進決而成不

(24-11)

〃九月十九日、朴同知が入館し、都船主方へ罷り出た。接慰官か
らの真文の返答書を持って来た。そこで裁判と都船主が同道し
［その返答書を］正官方へ持参した。そこで阿比留惣兵衛に読ませ
た処［その内容たるや］重ねての注進は決してできないということ
であった。それをただ委細に申し述べただけのことで、交渉
は、もうこれ切りとする返答であった。朝廷方の御決心は強
く、注進は決して罷り成らぬと、

(24-11)

〃9월 19일, 박동지가 입관하여 도선주 쪽으로 나갔다. 접위관이
보내는 한문의 반답서를 가지고 왔다. 그래서 재판과 도선주가
동도하여 [그 반답서를] 정관 쪽에 지참했다. 그리고 아비루 소
우베에게 읽게 하였는데, [그 내용은] 거듭된 주진은 결코 할 수
없다는 것이었다. 그것을 그저 자세하게 설명한 것으로, 교섭은
이것으로 마친다는 반답이었다. 조정 측의 결심이 강하여, 주진
은 결코 할 수 없다고,

申由被仰切候上者大事此節ニ相極り此上ハ兎角不及申歎敷儀絶言語候
近日中返簡請取可申候乍然持渡之返簡不請取候而者不罷成由両人を
以返答申遣ス

そのようなことを、御返答下さったのである。こうなった以上、大
事[の到来]が此の節[残念ながら]決定してしまった。此の上は兎やか
く申したところで、もうどうにもならない。何とも難しい事態に
陥ってしまった。言葉を発することもできない程である。近日中
に、この返翰を請け取ることにするが、然し乍ら、持ち渡った書簡
に対しても、まだ返翰を請け取っていない。この返翰を請け取らぬ
ままというのは[やはり]罷り成らぬことである。それゆえ、その旨を
[裁判と都船主の]両人から[朴同知に申し伝え、この朴同知を介し接
慰官へと]返答を申し遣した。

그와 같은 내용을, 답하신 것이다. 이렇게 된 이상 큰일[이 생기는 것]
은 이때 [유감스럽게도] 결정되고 말았다. 이렇게 된 이상은 이러쿵
저러쿵 이야기해 보아도, 이미 어찌 할 수 없다. 참으로 어려운 일이
되고 말았다. 말을 할 수 없을 정도이다. 근일 중에, 이 반답을 받는
것으로 하겠는데, 그러나 가지고 건너온 서간에 대해서도, 아직 반답
을 청취하지 않았다. 이 반한을 받지 않은 채 돌아간다는 것은 [역시]
할 수 없는 일이다. 그렇기 때문에, 그 뜻을 [재판과 도선주] 양인이
[박동지에게 말로 전하여, 이 박동지를 매개로 해서 접위관에게] 반답
을 전하여 보냈다.

橋鷹宦兮退筆志文寫

(24-12)

接慰官より返答之真文写

(24-12)

接慰官からの返答、その真文の写しである。

(24-12)

접위관이 보낸 반답, 그 한문을 베낀 것이다.

秋寒漸緊政爾馳溯忽承
華翰辭意勤摯備悉多少如際面剖不示草藁直
送正書

秋寒漸緊シ政爾馳溯ス忽チ承テニ
華翰ヲ_辞意勤摯備ニ悉シ多少ヲ_如シレ際ルカ_ニ面剖ニ_不ニ示サ_ニ草稿ヲ_直ニ
送ルコト_ニ正書ヲ_

[真文]
秋寒漸緊政爾馳溯忽承
華翰辞意勤摯備悉多少如際面剖不示草稿直
送正書

[読み下し文]
秋寒く漸く緊し。政爾馳せ溯す。忽ち華翰を承て辞意を勤め摯る。
多少を備悉し、面剖に際るが如し。草稿を示さざるに直に正書を送
ること、

[現代語訳]
秋寒の時節、漸く緊要の政事が馳せ巡り[その懸案の欝陵嶋の件を]
追って遡及することとなった。そして早速、貴国からの御書簡を承
り、その文辞の意を手厚く検討する事になった。[朝廷では]数多くの
[意見を集め]悉く[返翰のために]備えた。その有様は、まさに顔を見
分けるが如き様々な意見の集積であった。[そのようにして出来上
がった]草稿を、お示しすることなく、直ちに正本の書簡として送る
ことになったのは、

추한의 시절에, 점점 긴요한 정사가 아주 많아 [그 현안의 울릉도 건
을] 추후에 소급하게 되었다. 그리고 서둘러, 귀국에서 보낸 서간을 받
고, 그 문사의 의미를 성의껏 검토했다. [조정에서는] 수많은 [의견을
모아] 자세히 [반한을 위해] 준비했다. 그 상황은 그야말로 얼굴이 서
로 다르듯이 많은 의견의 집적이었다. [그렇게 하여 작성된] 초고를,
미리 보여주는 일 없이, 직접 정본의 서간으로 해서 보내게 된 것은,

賓宴相接之時丁寧奉約非為創規且既折見備
諱書辟草稿正本非所可論蔚為南宮揆雄
義理明暢語意穩順可謂奉曲之至矣
斂公交以為轉換彼此所見何若是其迂庭耶
書雖同文語或殊道解見不合歸暗難竟而然
耶大凡觀書之規先尋宗志次序歸趣方可以
道達情意通貫脈絡傳千里之意志蘭若偏塞
文字之間不究大意所在則蜀儒俗書之言固

賓宴相接スルノ之時丁寧ニ奉約シ非レ為スニレ創ルコトヲレ規ヲ且ツ既ニ折見シテ備

譜スレハニ書辞ヲ一草稿正本非レ所ニレ可キレ論ス蔚島ノ事南宮撰スルコトレ辞ヲ

義理明暢語意穏順可シレ謂委曲ノ之至ナリトノ矣

僉公反テ以テ為スニ転換スト一彼此ノ所見何ソ若クレ是ノ其レ逕庭スルヤ耶

書雖トモレ同スト レ文ヲ語或ハ殊ニシレ道ヲ解見不レ合ハ翳晦難シテレ暁リ而然ルヤ

耶大凡ソ観ルノレ書ヲ之規先ツ尋ネニ宗志ヲ一次ニ揆テニ帰趣ヲ一方ニ可キ下以テ

道ニ達シ情意ヲ一通貫シニ脈絡ヲ一伝フ中千里之忞忞タルニノミ上爾若シ偏ク索シテニ

文字之間ニ一不シハレ究メニ大意ノ所ヲ一レ在ル則局儒俗士ノ之言固ニ

賓宴相接之時丁寧奉約非為創規且既折見備

譜書辞草稿正本非所可論蔚島事南宮撰辞

義理明暢語意穏順可謂委曲之至矣

僉公反以為転換彼此所見何若是其逕庭耶

書雖同文語或殊道解見不合翳晦難暁而然

耶大凡観書之規先尋宗志次揆帰趣方可以

道達情意通貫脈絡伝千里之忞忞爾若偏索

文字之間不究大意所在則局儒俗士之言固

賓宴相接するの時、丁寧に奉約し規を創ることを為すに非ず。且つ
既に折見して、書辞を備譜みれば、草稿、正本、論ず可き所に非ず。
蔚島の事、南宮、辞を撰すること、義理明暢、語意穏順と謂う可し。
委曲の至りなりと。僉公反て以て転換すと為す。彼此の所見、
何ぞ是の若く、其れ逕庭するや。書の文を同じとすと雖ども、語は

或は道を殊にし、解を見合わず。翳晦、暁り難くして然るや。大凡書を観るの規、先ず宗志を尋ね、次に帰趣を撥て、方に以て情意を道達し、脈絡を通貫し、千里の忞忞たるにのみ伝う可し。爾若し偏に文字の間に索して、大意の在る所を究めざらんは、則ち局儒、俗士の言、固り

[そのようにして出来上がった]草稿を、お示しすることなく、直ちに正本の書簡として送ることになったのは、重要な封進宴席の場で、座を接し歓談した折、丁寧にお約束として[正本をお送りすると]申し上げたことからである。これは[外交交渉に於いて、新たな]規則を創るということではない。且つ又、既に折目を付けて[文を確認し]書辞を備さに譜ずるほどにも見れば、もはや草稿であるとか正本であるとか、そのように論ずるようなものではない。蔚陵嶋の事は、南宮(礼曹の役所)が書辞を撰録したので、その道理は明暢であり、語意は穏順であり、その委曲は尽くされている。僉公(多くのお役の方々)が反てこれを[修正し]転換しようとしても、その彼此の所見は、どうして是に優るものであろうか。そこには逕庭(大きな道と小さな道、すなわち差違)がある。文書は、たとえ文字を同じくしても、その語るところは或いは道理を違え、特殊なものへと成り変わる。その解釈を見れば、もう合致をしない[おかしなものとなる]。翳晦(陰に隠れ判らないこと)があり[この返翰が優れている事について、直ぐには]暁り難いというのは当然であろう。大凡、書を観察する規則は、先づ宗志(中心となる大切な意図)を尋ね[それを知った上で]次に帰趣(物事のおも

むく先)を絞り込み、この方向で情意の道を辿り、脈絡を通貫する。その上で、千里[の歩みにも似た一歩一歩を辿る。]そこに恣恣たる(理解に暗い)状態があれば[なおのこと一つ一つを]伝い歩くべきである。爾(貴君が)^(注１４)もし偏に文字に関わり、その間を索求し、大意の在る所を究めなければ[その言は]則ち局儒(器の小さな儒者)あるいは俗士(俗物の士大夫)の言ということになる。[このように文書に対する造詣が深くなければ]もとより交隣詞命(交隣の詞を伝える使命)の文を為そうとしても、

[그렇게 해서 작성한] 초고를, 보여주는 일 없이, 곧장 정본의 서간으로 해서 보내게 된 것은, 중요한 봉진연석장에서, 자리를 같이하고 환담했을 때, 정중하게 약속하여 [정본을 보낸다고] 말씀드렸기 때문이다. 이것은 [외교교섭에 새로운] 규칙을 만든다는 것이 아니다. 또 이미 단정히 [문을 확인하고] 용어(서사)를 모두 암송할 정도로 보았기 때문에, 이미 초고인가 정본인가, 그것을 논할 것이 아니다. 울릉도의 일은, 남궁(예조의 역소)이 찬록했기 때문에 그 도리는 명창하고, 어의는 은순하여, 그 자세함은 말할 필요가 없다. 첨공(여러 역소의 사람들)이 이것을 [수정하여] 전환해보려고 해도, 피차가, 어떻게 해도 이것보다 좋은 것을 만들 수 없었다. 그곳에는 경정(대도와 소도, 즉 차이)이 있다. 문서는, 가령 문자를 같이한다 해도, 그것이 이야기하는 의미가, 혹은 도리에 벗어나, 특수한 것으로 바뀐다. 그 해석을 보면, 아무래도 합치하지 않는 [이상한 것이 된다.] 예회(그늘에 가려 알지 못한다)가 있고 [이 반한이 훌륭하다는 것을, 바로는] 깨닫기 어렵

다는 것은 당연할 것이다. 대체로 서를 관찰하는 규칙은, 먼저 종지(중심이 되는 중요한 의도)를 찾아 [그것을 이해한 후에] 그 취지(사물의 추이)를 알고, 이 방향에서 정의의 길을 찾아, 맥락을 관통한다. 그리고 나서 천리[의 여정으로 생각하고 한발 한발 걸어간다.] 그것에 민민(이해하기 어려운)한 상태가 되면 [이것 역시 하나하나를] 따라서 걸어가야 한다. 귀하가 만일 한결같이 문자에 구애받아, 그것들의 의미를 찾다, 대의가 있는 것을 알지 못하면 [그 말은] 곧 국유(기량이 작은 유학자) 혹은 속사(속물스런 사대부)의 말이 되고 만다. [이처럼 문서에 대한 조예가 깊지 않으면] 처음부터 교린의 말을 전하는 사명의 문장을 만들려고 해도

不足爲交隣詞命之文命此書實中明書蔚島之爲我
國而歷代相傳事跡路熟以其毒此之故雖有竹島
之稱其實一島而二名之狀我

國書籍

責國耳目無不相傳而洞知之意脫載於苓書之中
不除蔚陵字之意自在於其中何可看爲字字
而荅之句而刊之耶此書何不盡送於
江戶再覽於具眼乎不但無生釁之慮想必有嘉
欵之言辛

不レ足レ為ルニ二交隣詞命ノ之文ト一今此ノ書契中明カニ言テト蔚島ノ之為ルコトヲ中
我カ
国上而歴代相伝ヘテ事跡昭然タリ以二其ノ産スルノレ竹ヲ之故ヲ一雖トモレ有リト二
竹島ノ
之称一其ノ実ハ一島ニシテ而二名ノ之状我カ
国ノ書籍
貴国ノ耳目無ノレ不ルコトニ相伝ヘテ而洞知セ一之意昭ニ載セ二於苔書ノ之中ニ一
不ルノレ除カ二蔚陵ノ字ヲ一之意自ラ在リ二於其中ニ一何ソ可シヤ二屑屑焉トシテ字
字ニシテ
而苔ヘレ之ヲ句句ニシテ而卜スレ之ヲ耶此ノ書何ソ不ルヤ下遂ニ送リ二於
江戸ニ一取ラ中質スコトヲ於具眼ニ上乎不二但々無キノミニ二生スルノ寡ヲ之慮リ一想フニ
必スレ有ンレ下嘉
歓ノ之言上幸ニ

不足為交隣詞命之文今此書契中明言蔚島之為我
国而歴代相伝事跡昭然以其産竹之故雖有竹島
之称其実一島而二名之状我
国書籍
貴国耳目無不相伝而洞知之意昭載於苔書之中
不除蔚陵字之意自在於其中何可屑屑焉字字
而苔之句句而卜之耶此書何不遂送於
江戸取質於具眼乎不但無生寡之慮想必有嘉
歓之言幸

交隣詞命の文と為すに足らず。今、此の書契中、明らかに蔚島の我が国為（な）ることを言いて、歴代相伝へて事跡昭然たり。其の竹を産するの故を以て、竹島の称有りと雖ども、其の実、一島にして二名の状、我が国の書籍、貴国の耳目、相伝えて洞知ならざること無きの意、昭（あきらか）に荅書の中に載せ、蔚陵の字を除かざるの意、自ら其の中に在り。何ぞ屑屑（せつせつ）として字字にして之に荅え、句句にして此の書、何ぞ之を卞（へん）ず可けんや。遂に江戸に送り、具眼に質（ただ）すことを取らざるや。但々寡（か）を生ずるの慮り無きのみにあらず。想うに必ず嘉歎（かたん）の言や有らん。幸に

為すに足らない。今この[南宮が草した]書契の中には、明かに蔚陵嶋が我が国の境域内に在ることを言う。それは歴代に相伝えて来た事で、その証拠は歴然である。その島が竹を産するという理由から、竹嶋の名称が有るが、その実態は一島で[蔚陵嶋と竹嶋という]二つの名がある。それが実状で、我が国の書籍にも、貴国の耳目にも、これは伝えられていることで[わざわざ]洞知（見抜く）と言うようなものではない。そのような事をあきらかにして、返答の書簡の中に載せている。蔚陵の文字を[除くよう御要望があったが]除かない理由は、自らこの文中に在る。どうして屑屑（せつせつ）（小事にこせこせするさま）として、その字字について一々答えなければならないのか。その句句について[疑問を呈し]どうして此の書を貶（へん）するのであるか。遂には[この書を]江戸に送り、どうして具眼の人士に質すことをしないのか。これは但々（ただただ）[漁場が]少なくなる[という実利的な]損失が生じるのを心

配するばかりではない。考えるところ、おそらく[交渉事の首尾、不首尾、それに伴う]嘉や歎と言った[心情の]要因が有るのであろう。[それが争いを生むという事を心配しているのであろう。]

만들기 어렵다. 지금 이 [남궁이 초한] 세계 중에는 분명히 울릉도가 우리나라의 경역 내에 있다는 것을 말한다. 그것은 역대로 전해온 것으로, 그 증거가 역연하다. 그 섬이 대를 생산한다는 이유에서 죽도라는 명칭이 있으나, 그 실태는 일도로 [울릉도와 죽도라는] 두 개의 이름이 있다. 그것이 실상으로, 우리나라의 서적에도, 귀국의 이목에도, 이것이 전해지고 있는 일로 [일부러] 알아보아야 하는 일이 아니다. 그러한 것을 분명히 하여, 반답의 서간 중에 싣고 있다. 울릉이라는 문자를 [삭제할 것을 요망하였으나] 생략하지 않는 이유는, 이 문중에 실려 있다. 어찌 곰상스럽게, 그 한 자 한 자에 답하지 않으면 안 되는 것인가. 그 구절구절에 [의문을 표하여] 어찌 이 문서를 트집잡는 것인가. 어찌하여 [이 문서를] 에도에 보내, 안목이 있는 인사에게 묻는 일을 하지 않는가. 이것은 그저 [어장이] 작아진다[고 하는 실리적인] 손실이 생기는 것을 걱정하는 것만이 아니다. 생각하건대, 아마도 [교섭하는 일의 원만, 불통, 그것에 따른] 기쁨이나 탄식이라고 하는 [심정의] 요인이 있을 것이다. [그것이 분쟁을 낳는다고 하는 것을 걱정하고 있을 것이다.]

諸公勿以此為慮焉
兩國交好于今百年金石不足以喻其堅膠漆不
足以喻其固今以數行書辭之不相聯命運發
結禍之語豈非小夫悍悻之素乎疏篇
諸公不叙也
貴州之輸誠我
國家出所佛雖有事不如意者關係
東武不能擅便之致豈以誠意之不足有所致疑哉
榮

諸公勿レ二以テレ此ヲ為スコト一レ慮ルコトヲ焉

両国交好于レ今百年金石不レ足ヲ二以テ喩二其ノ堅ヲ一膠漆不二

レ足一以テ喩フルニ二其固ヲ一今マ以テ二数行書辞ノ之不ルヲ一二相ヒ胗合セ一遽ニ発ス二

結禍ノ之語ヲ一豈ニ非スヤ二小丈夫悻悻ノ之事ニ一乎窃ニ為メニ二

諸公ノ一不レ取ヲ也

貴州ノ之輸スニ誠ヲ我カ

国ニ一実ニ出テヽ二肝肺ニ一雖トモレ有リト下事ノ不ルレ如クナラレ意ノ者ノ上関係シテ二

東武ニ不ルノレ能ハ二檀便スルコト一之致豈ニ以二誠意ノ之不ヲ一レ足有ルヤレ

所レ致スレ疑ヲ哉

弟タダ

諸公勿以此為慮焉

両国交好于今百年金石不足以喩其堅膠漆不

足以喩其固今以数行書辞之不相胗合遽発

結禍之語豈非小丈夫悻悻之事乎窃為

諸公不取也

貴州之輸誠我

国実出肝肺雖有事不如意者関係

東武不能檀便之致豈以誠意之不足有所致疑哉

弟

諸公、此を以て慮ること為すこと勿れ。両国交好、今や百年、金石その堅を以て喩うるに足らず、膠漆その固を以て喩うるに足らず、今、数行の書辞の相い吻合せざるを以て、遽に結禍の語を発す。豈に小丈夫、悻悻の事に非ずや。窃に諸公の為めに取らざる也。貴州之誠を我が国に輸す。実に肝肺に出でて事の意の如くならざる者の有りと雖ども、東武に関係して檀便すること能わざるの致り、豈に誠意の足らざるを以て疑を致す所有るや。茅、

それゆえ[この際、御使者の]諸公に[言っておくことがある。]幸いなことであるが、このようなことで心配することは無い。両国の好ましい交流は今や百年の実績があり[そう簡単に崩れるようなものではない。その強固さは]金石の堅さで喩えるにも足らない程であり、膠漆の固さで喩えるにも足らない程である。今、数行の文辞が相互いに吻合しないからといって、遽に、禍いが起こるなどの言葉を発するなど、なんと、これは小人物の悻悻[すなわちむかっ腹を立てて怒る事]のようではないか。密かに諸公のために[懸念する。こちらは、このようなことに同意し、同様の行動を]取るつもりはない。貴州には誠意があり[わざわざ]我が国を輸してくれている。それは実に[心の奥底の]肝肺から出てくるものであろうが、事が意のままにならないとあれば、東武に関わり、その大樹の威力に便上する。そのような交渉では、決して誠意があるなどとは言えない。この誠意の足りないことを以て[こちらの返簡に対し]どうして疑いを掛けてくるので有ろうか。ただひたすら

그렇기 때문에 [이 기회에, 사자] 여러분에게 [말해 둘 것이 있다.] 다행인 것은, 이러한 일로 걱정할 일은 없다. 양국의 바람직한 교류는 이미 백 년의 실적이 있어 [그렇게 간단히 붕괴될 수 있는 것이 아니다. 그 강고함은] 금석의 단단함에 비교해도 부족하지 않을 정도이고, 교칠의 단단함에 비교해도 부족하지 않을 정도이다. 지금, 수행의 문사가 서로 맞지 않는다고 해서, 갑자기 화가 일어난다는 등의 말을 하는 것은, 참으로, 이것은 소인배의 화풀이 [즉 욱하고 성내며 노하는 것]과 같은 일이 아니겠는가. 은근히 여러분을 위해 [걱정한다, 이쪽은, 이 같은 일에 동의하여, 같은 행동을] 취할 생각이 없다. 귀주는 성의가 있어 [일부러] 우리나라를 걱정해주고 있다. 그것은 참으로 [마음 깊은 곳의] 심장에서 나오는 것이겠지만, 일이 뜻대로 되지 않는 것이 있으면, 동무와 관계하여, 그 거목의 위력에 편승한다. 그 같은 교섭으로는, 결코 성의가 있다는 등으로는 말할 수 없다. 그렇게 성의가 부족하면서 [이쪽의 반간에 대해] 어떻게 의심을 할 수 있겠는가. 그저 한결같이

朝廷下送之書于大宰、拒不受、輕薄禮法、曾不愧焉、

奉

命棲待、果安在哉、或既不能得、

命、又不能復、

命、処留無策、

朝令可畏、令方咨籍、刻期登程、恭俟

朝家之慶分矣、

示意懇懇、先受番書、姑留如二十日、更期餞宴相接、

寔深欣幸、涓時回

朝廷下シ送ルノ之書契牢拒シテ不レ受軽ニ蔑シテ礼法ヲ一曾テ不ニ少クモ忌マ一

奉シテ

レ命ヲ接待スル果シテ安ンカ在ルヤ哉既ニ不レ能ハレ伝ルコト

レ命ヲ又不レ能ハレ復スルコト

レ命ヲ久留無シレ義

朝令可シレ畏ル今マ方ニ啓キレ轄ヲ刻テレ期ヲ登リレ程ニ恭シク俟ツニ

朝家ノ之処分ヲ一矣

示意懃懇決シテ受ケニ荅書ヲ一姑ラク留ルコト如千日更ニ期セハニ餞宴相接コトヲ

一実ニ深ク欣幸ナラン涓テレ日ヲ回

朝廷下送之書契牢拒不受軽蔑礼法曾不少忌

奉

命接待果安在哉既不能伝

命又不能復

命久留無義

朝令可畏今方啓轄刻期登程恭俟

朝家之処分矣

示意懃懇決受荅書姑留如千日更期餞宴相接

実深欣幸涓日回

朝廷下し送るの書契、牢拒して受けざるの礼法を軽蔑せしめ、曾て
少しくも忌まざり。命を奉らしめて接待する。果して安んじ在るや、
既に命を伝ること能わず、又命を復すること能わず。久しく留める

義無し。朝令畏る可し、今、方に轄を啓き、期を刻みて程に登り、恭しく朝家の処分を俟つ。示意懃懇決して荅書を受け、姑く留ること千日の如し。更に餞宴相接することを期せば、実に深く欣幸ならん。日を涓て回

朝廷が下し送った書契を、堅牢に拒み、これを受けようとしない。[外交交渉の前提となる]礼法を軽蔑し、そのことを少しも忌み嫌わない。[こちらは朝廷の]命令を奉じて接待するが[接待の馳走を拒絶する。]それで果して[諸公は]安んじているであろうか。もう既に[返翰の拒絶があり、朝廷の]命を伝えることはできなくなっている。またその意向を[そちらに届け、その結果を朝廷へ]復答することもできなくなっている。[接慰官として、その達成も無いまま]久しく[この地に]留まることなど、もうできない。朝廷の御命令は畏まって承るべきで、今まさに轄(交渉の要点)を上啓するため、時期を決め上京することとなった。[だが私は命令を果たすことができなかったがゆえ、上京の後は]恭しく朝廷の御処分を受けるつもりである。[このたび]お示した[朝廷の]御意思は懃懇(ていねい)にしたためてあり、決断してこの荅書をお受け取りになられるべきである。[そうではなく]なお姑く留るということになれば[事は動かず]一日が千日のようにも感じることであろう。[お受け取りということになれば]更に餞の宴席を設け、相接しての歓談を致したい。そうなれば実に深く欣幸に思うところである。それゆえ日を選び[こちらに]御回

조정이 내려보낸 서계를, 완강히 거부하며, 이것을 받으려 하지 않는다. [외교교섭의 전제가 되는] 예법을 경멸하고, 그것을 조금도 개의치 않는다. [이쪽은 조정의] 명령을 받들어 접대하는데 [접대의 치주를 거절한다.] 그것으로 과연 [여러분은] 편안할 것인가. 이미 [반한을 거절하여, 조정의] 명을 전달할 수 없게 되었다. 또 그 의향을 [그쪽에 전하여, 그 결과를 조정에] 복답할 수도 없게 되었다. [접위관으로서, 그것을 달성하지도 못하면서] 오랫동안 [이곳에] 머무는 것과 같은 일은, 더 이상 할 수 없다. 조정의 명령은 정중히 받아야 하는 것으로, 지금은 어쩔 수 없이 요점(교섭의 중점)을 상계하기 위해, 시기를 정해 상경하게 되었다. [그러나 나는 명령을 수행할 수 없었기 때문에, 상경 후에는] 공손하게 조정의 처분을 받을 생각입니다. [이번에] 보인 [조정의] 의사는 성의껏 기록한 것이므로, 결단하여 이 답서를 받으셔야 할 것입니다. [그렇지 않고] 다시 얼마동안 머문다고 하는 일이 되면 [일은 움직이지 않아] 하루를 천일처럼 느낄 것이다. [받으시는 일이 되면] 다시 송별의 연석을 열고, 같이 만나 환담하고 싶다. 그렇게 되면 참으로 큰 행복으로 생각하는 바이다. 그렇기 때문에 날을 골라 [이쪽에] 회답을

示如何

諸公之動

示如武非不欲措辞

伏聞而書契模出下来之後有害於規例上事或有

京啟之時至於今篇本意曾無諸改之挙亦無

許啟之例其所當啟雖如来示在我奉彼之道

固不敢狼越陳謏況無可啟之事乎不而改操初

既親涿

朝命而来令雖

示セバ如何

諸公ノ之勤示如クナルトキハ此ノ非シテレ不ルニ欲セ措辞

啓聞スルコトヲ而書契撰出シ下シ来ルノ之後有ラハレ害ニ於規例上ノ事ニ或ハ

有トモニ稟シ改ムルノ之時ニ至テハニ於全篇ノ大意ニ曾テ無ク請テ改ルノ之挙

亦無シト許スノレ改ムルコトヲ之例ト其ノ所レ当ニキレ改ム雖トモ如クナリト来示ノ

在テニ我カ奉スルノレ使ヲ之道ニ固リ不敢テ猥越シテ陳請セ況ヤ無キヲヤ下可キノレ

改ム之事ト乎不ルコトレ許サニ改撰ヲ初ヨリ既ニ親ク承テニ

朝命ヲ而来ル今マ雖ヘトモ

示如何

諸公之勤示如此非不欲措辞

啓聞而書契撰出下来之後有害於規例上事或有稟改之時至

於全篇大意曾無請改之挙亦無許改之例其所当改雖如

来示在我奉使之道固不敢猥越陳請況無可改之事乎不

許改撰初既親承

朝命而来今雖

示せば如何。諸公の勤示、此の如くなるときは措辞、啓聞することを欲せざるに非ずして、書契撰出し、下し来るの後、規例上の害の有らば、事に或は稟し、改むるの時、有れども、全篇の大意に至りては、曾て請て改るの挙無く、亦改むることを許すの例無し。其の当に改むべき所と雖ども、来示の如くなりと、我が使を奉ずるの道に在りて、固り敢て猥りに越して、陳て請いせず。況や改む可きの事無きおや。改撰を許さざること、初より既に親く朝命を承りて来る。

示下されば如何であろう。諸公の御役目として、このような[宴席の]時、回答書契への措辞(言葉や文言)があれば[今一度]啓聞(王に報告)することを欲さないわけはない。この書契は撰出し下り来た直後であり、規例の上で障害が有れば、或いは稟議して改める時は有る。だが全篇の大意については、おおよそ請けて改めるような事は無く、また改めることを許すような例も無い。その[規例上の問題によって]改めると言っても[今回の書契は、あくまでも]来示(書状で書き寄越した形式)のままで[大きな変更は無い。]我(私は)は使者(接慰官)としての役目を果たすため[こうして赴任している。]その御役目の上からは、当然ながら無理やり都へ陳情するような事、猥りに朝廷へ陳情するような事はしない。ましてや改めなければならないような事が無い場合は、なおさらのことである。改撰を許さないことは、既に[今回の返翰が下りて来た]初めから、直々に朝命を蒙って来ている。

주시면 어떻겠습니까. 제공의 역할로 해서, 이 같은 [연석을 할] 때, 회답서계에 대한 말이나 문언이 있으면 [지금 다시 한번] 왕에게 보고하는 것을 생각하지 않는 것은 아니다. 이 서계는 작성하여 내려온 직후로, 규례상 장해가 있으면, 간혹 품의하여 고칠 때도 있다. 그러나 전편의 대의에 관해서는, 대체로 받아들여 고치는 것과 같은 일이 없고, 또 고치는 것을 허가하는 것과 같은 예도 없다. 그 [규례상의 문제에 따라] 고친다 해도 [이번의 서계는 어디까지나] 서장으로 써서 보낸 형식이어서 [큰 변경은 없다.] 나는 사자로서의 역할을 수행하기 위해 [이렇게 부임했다.] 그 역할 상으로는, 당연히 무턱대고 도성에

진정하는 것과 같은 일, 함부로 조정에 진정하는 것과 같은 일은 하지 않는다. 하물며 고치지 않으면 안 될 것 같은 일이 없는 경우에는, 더욱 그러하다. 개찬을 허락하지 않는다는 것은, 이미 [이번의 반한이 내려온] 처음부터, 직접 조정의 명을 받고 와 있다.

啓聞不但無益徒有致責

諸公何不知諒而轕轕至此耶今番書契不

爲回寄想

朝廷非有他意固一微事屢麻祥復大損事體亦

甚支離不可勝諸史而傳諸後也且令來回答

兼覆前後書意而

貴州既送前書契我

レ啓聞スト不ニ但無キノミニ―レ益当ニシレ有ル―レ致スコトレ責ヲ

諸公何ソ不シテレ恕諒セ而縷縷至ルヤ―レ此ニ耶今番ノ書契不ルコトハ

レ為サニ回荅ヲ―想フニ

朝廷非レ有ルニ―他意―因テニ一微事ニ―屢々牒スルコトニ―徃復ヲ―大ニ損シニ事礼ヲ―亦

甚支離ニシテ不レ可ラト謄シテレ諸レヲ史ニ而伝フ中諸レヲ後チニ―上也且ツ今マ来回荅

兼テ覆シテニ前後ノ書意ヲ―而

貴州既ニ送リニ前ノ書契ヲ―我カ

啓聞不但無益当有致責

諸公何不恕諒而縷縷至此耶今番書契不

為回荅想

朝廷非有他意因一微事屢牒徃復大損事礼亦

甚支離不可謄諸史而伝諸後也且今来回荅

兼覆前後書意而

貴州既送前書契我

今、啓聞すと雖ども、但益無きのみに不ず。当に責を致すこと有るべきにして、諸公、何ぞ恕諒せずして縷縷此に至るや。今番の書契、回荅を為さざることは、想うに朝廷、他意有るに非ず。一微事に因りて、屢々徃復を牒すること、大いに事礼を損じ、亦、甚だ支離にして諸れを史に謄して、諸れを後ちに伝う可からざる也。且つ今、来る回荅、兼て前後の書意を覆して、貴州既に前の書契を送り、我が

今[それでもなお]啓聞(王に報告)するとなれば、単に[無意味な報告を
するだけの事で]その効果が無いという結果に終わるだけではない。
かえって[御意向に逆らったと判断され]まさに責任を追求されること
になる。そのような事を、諸公はどうして思いやって諒解してくれ
ないのであろうか。そして縷縷このように[なおも]申し入れてくるの
であろうか。今回[持ち渡って来た対馬からの]書契に[朝廷が]回答しな
いことは[私が]考えるところ、その朝廷の考えに特別な意味は無い。
一微事に因って度々に往復の公文書を作成することは、大いに事務
上の慣例を損なうからである。また[この対馬からの書契は]甚だ支離
滅裂な内容であった。このようなものを[公文書として]史書の中に、
そのまま謄し、後世に残し伝えることはできないからである。さら
にまた[附言すれば]今回[都から下り]来た回答は、兼ねて[から懸案と
なっていた一島二名の島の事情について、その]前後の[事情を通じ
て、最終的な決着を付けるものである。すなわち前回の返翰の]書意
を[全て]覆し[明確さを以て、新たに記したものである。]貴州は既に
前の書契を[こちらに]送り返してくれた。そして我が

지금 [그런데도 다시] 계문하게 되면, 그저 [무의미한 보고를 하게 될
뿐으로] 효과는 없는 결과로 끝날 뿐만 아니라, 오히려 [뜻을 거슬렀
다고 판단하시고] 틀림없이 책임을 추구하시게 된다. 그 같은 일을,
제공은 어째서 생각하고 양해하여 주지 않는 것인가. 그리고 누누히
이렇게 [거듭해서] 요구하는 것인가. 이번에 [가지고 건너온 쓰시마
의] 서계에 [조정이] 회답하지 않는 것은 [내가] 생각하건대, 그 조정

의 생각에 특별한 의미는 없다. 작은 일이 있을 때마다 왕복하는 공문서를 작성하는 것은, 대개 사무상의 관례를 헤치기 때문이다. 또 [쓰시마가 보낸 서계는] 매우 지리멸렬한 내용이었다. 이와 같은 것을 [공문서로 해서] 사서 중에, 그대로 옮겨, 후세에 남겨 전할 수는 없기 때문이다. 그리고 또 [부언하자면] 이번에 [도성에서 내려]온 회답은, 이전[부터 현안이었던 일도이명의 섬의 사정에 대해, 그] 전후의 [사정을 통해, 최종적인 결론을 내린 것이다. 즉 전회의 반한이 가지는] 의미를 [모두] 포함하여 [명확하게, 새로 기록한 것이다.] 귀주는 이미 전의 서계를 [이쪽에] 되돌려 주었다. 그리고 우리

國還送，令書契事理皎然，何待郵言，知之耶。餘候，

寧容奉既不宣統希

崇亮。

甲戌九月　日

接伴官

国還送ス二今ノ書契ヲ_事理皎然トシテ何ゾ待テ二鄙言ヲ_而知シヤレ之ヲ耶余ハ
俟テ二
宴席ヲ_奉既セン不宣統希クハ
崇亮セヨ

甲戌九月 日　　　　接慰官

国還送今書契事理皎然何待鄙言而知之耶余俟
宴席奉既不宣統希
崇亮
甲戌九月日　　　　接慰官

国、今の書契を還送す。事理皎然として何ぞ鄙言を待ちて之を知ら
んや。余は宴席を俟て奉既せん。不宣、統て希くは
崇亮せよ。
甲戌九月日　　　　接慰官

国は[その前回の書契を完全に破棄し]今回の書契を[新たに作成し、
そちらに]還送した。[交渉はこのように推移し、都から結論となる返
答が、すでに罷り下ってしまった。]事理(物事の筋道)は、もう皎然
(あきらか)であるのに、どうして鄙[に下った接慰官の]言を待って、
このことを知ろうとするのであろうか。[接慰官の言など、もはや何
の意味もない。以上のような事なので、この際、御返翰を是非お請
け取り願いたい。]その他、残余の事は、その餞の宴席に於いて語り

合い、それで全てを終えることに致したい。充分に宣べ得ないまま

で終わったが、統てを了解せられたい。
甲戌九月　日　　　接慰官

나라는 [그 전회의 서계를 완전히 파기하고] 이번의 서계를 [새로 작성하여, 그쪽에] 환송했다. [교섭은 이렇게 추이하여, 도성에서 결론을 내린 반답이, 이미 내려왔다.] 사리(사물의 도리)는 이미 분명한데, 어째서 변방[에 내려온 접위관의 말을 가지고, 이 일을 알려고 하는 것일까. [접위관의 말 따위, 이미 아무런 의미도 없다. 이상과 같은 일이기 때문에, 이번에, 반한을 꼭 받아 주었으면 한다.] 그 외의 남은 일은, 송별의 연석에서 이야기하여, 그것으로 모든 것을 마치는 것으로 하고 싶다. 충분히 말씀드리지 못하고 끝났으나, 모든 것을 양해하여 주었으면 한다.

갑술 9월 일 접위관

(24-13)

〃同月廿日別差呉正入館裁判方〔江〕罷出接慰官口上申聞候ハ兼而申候
　様ニ急ニ帰京候様ニ与都より差図ニ而御座候得者返簡近日ニ御渡申
　度候出宴席之日限旁被仰下候へ此段首訳を以可申述候処ニ新東莱
　下着ニ付訓導迄も用事有之別差を以申進候与之儀申来候付明日明
　後日者手前差合廿四日六日者此方之

(24-13)

〃九月二十日、別差の呉正が入館し、裁判方へ罷り出た。そして接
　慰官の口上を申し伝えて来た。すなわち、兼ねて申し上げていた
　様に、都から急に帰京する様にとの御差図があった。そこで返翰
　を[正官殿へ]近日中に御渡し申し度い。付いては出宴席の日取り
　などについて[の御希望]を、お聞かせ下されたい。此のような事
　は、首訳を以て申し述べるべき処であるが、新しい東莱府使(李
　喜竜)が[京から]罷り下り、着任致したので、訓導迄も用事が有り
　[出向くわけに参らぬこととなった。そこで]別差を以て[この事
　を]申し進めることにした。それゆえ[別差の呉正が]こうして申し
　伝えに伺ったのであると言う。[そこでこちらが言うには]明日(二
　十一日)と明後日(二十二日)は、手前どもに差し障りがある。二十
　四日と二十六日は、こちら[日本]の

(24-13)

〃9월 20일에, 별차 오정이 입관하여, 재판 쪽으로 나갔다. 그리고
　접위관의 구상서를 전해 왔다. 즉 이전부터 말씀드리고 있었던

것처럼, 도성에서 급히 귀경하도록 하라는 지시가 있었다. 그래서 반한을 [정관님에게] 근일 중에 건네드리고 싶다. 그리고 출연석의 일정 등에 대해서는 [희망하시는 것]을 알려주었으면 한다. 이와 같은 일은 수역을 보내 말씀드려야 하는 것입니다만, 새로운 동래부사(이희룡)가 [경에서] 내려와, 착임했기 때문에, 훈도조차도 용무가 있어 [올 수 있는 조건이 되지 않는다. 그래서] 별차를 보내 [이 일을] 말씀드리기로 했다. 그렇기 때문에 [별차 오정이] 이렇게 말씀을 전하기 위해 찾아뵙게 되었다 한다. [그래서 우리가 말하기를] 내일(21일)과 모래(22일)는 당신들에게 지장이 있다. 24일과 26일은 이쪽 [일본]의

国忌廿三日五日ハ朝鮮之国忌ニ候ヘハ廿七日より前請取候日限無之由
返事申遣し候処其段罷帰可申述候然共夫迄相待可被申哉無心元存候
旨申候而帰候付万一無故引候而者返簡請取様無之ニ付手前ニ差合有之
候ヘ共廿二日可請取候間其旨申達候様ニ与此方通事を以坂之下呉正方^江
申遣ス

国忌で[都合が悪い。]二十三日と二十五日は朝鮮の国忌で[これまた
都合が悪い。]結局、二十七日より前に、請け取りを行うような日取
りの設定はできない。このような事情を、ここで返答した。すると
[呉正が言うには、東莱に]罷り帰り[接慰官に、その旨を]報告致しま
すが、それまでの日限を[暫し]お待ちいただかなければなりません。
[延びれば接慰官の帰京の時期にも重なり、帰京なさってしまわれて
は、もういつ、お渡しできるのか、果たしてお渡しできるようにな
るのかどうか、それすらも]心元なく思う次第です。そのように言っ
て帰っていった。万一、理由も無く[突然に、接慰官が都へ]引き上げ
てしまっては、返翰を、もう請け取ることは出来ない。すると、こ
ちらに差し障りが起こってくる。それゆえ二十二日に請け取ること
にしたいと、そのような趣旨を[接慰官に]申し伝えるよう、こちらの
通詞を以て、坂之下の呉正方へ申し遣わした。

국기일로 [형편이 나쁘다.] 23일과 25일은 조선의 국기일이라 [이것
역시 상황이 좋지 않다.] 결국 27일 이전은 수취하는 날짜를 정할 수
가 없다. 이와 같은 사정을, 여기서 반답했다. 그러자 [오정이 말하기
를, 동래에] 돌아가 [접위관에게, 그 뜻을] 보고하겠습니다만, 그때까

지 시간을 [잠시] 기다려주지 않으면 안 됩니다. [연기되면 접위관의 귀경하는 시기와 겹쳐, 귀경해버리시면, 언제 건네줄 수 있을지, 과연 건네줄 수 있을지 어떨지, 그것조차도] 불안하게 생각하는 바입니다. 그렇게 말하고 돌아갔다. 만일 이유도 없이 [돌연히 접위관이 도성으로] 돌아가 버리면, 반한을 이미 수취할 수도 없다. 그러면 이쪽에 차질이 생기게 된다. 그런 이유로 22일에 수취하는 것으로 하고 싶다고, 그와 같은 취지를 [접위관에게] 전달할 것을, 이쪽 통사를 보내, 사카노시타의 오정 쪽에 말을 전했다.

(24-14)

〃九月廿二日朴同知朴僉知別差呉正三人入館都船主所〔江〕返簡持参此
　方通詞中山加兵衛を以三人方より申聞候者唯今返簡持参入館仕
　候膳部参次第案内可申旨申来候付内々ハ正官ニ而請取候内存ニ候
　処無拠差合有之候間裁判都船主〔江〕可相渡候膳部参筈ニ候由其元ニ而
　差寄規式相済候様ニ与申遣候処又同人を以申越候ハ都船主へ相渡

(24-14)

〃九月二十二日、朴同知、朴僉知、別差の呉正、この三人が入館
　し、都船主の所へ[この度の]返翰を持参してきた。こちらの通詞の
　中山加兵衛を以て、この三人から話を聞いた所、唯今、返翰を持
　参し入館致しました。膳部が参り次第、御案内を申し上げます
　と、このような趣旨を申し伝えて来た。[この度の返翰については]
　内々で正官によって請け取る所存であった。だがやむを得ない事
　情があり[やはり正官が受け取るには]差し障りが有る。そこで裁判
　や都船主に渡すよう申し伝えた。すなわち膳部が参る予定とのこ
　とであるが、その方たちによって[この都船主方まで]持参し、ここ
　で手渡しの規式を済ませるようにと、そのように申し遣わした。
　すると又、この同人たち[三人]が申して来た事は、都船主へ[この
　度の返翰と膳部とを]渡す

(24-14)

〃9월 22일에 박동지, 박첨지, 별차 오정, 이 세 사람이 입관하여
　도선주의 곳에 [이번의] 반한을 지참하고 왔다. 이쪽의 통사 나

카야마 카베에를 통해, 이 세 사람의 이야기를 들었는데, 바로 지금, 반한을 지참하고 입관했습니다. 젠부(음식)가 오는 대로 안내하겠습니다라고, 이와 같은 취지를 전해왔다. [이번의 반한에 대해서는] 은밀히 정관이 수취할 생각이었다. 그러나 어쩔 수 없는 사정이 있어 [역시 정관이 수취하는 것에는] 문제가 있다. 그래서 재판이나 도선주에게 건네라는 말을 전했다. 곧 음식이 올 예정이라고 하니까, 그것들과 같이 [이 도선주 쪽에] 지참하여, 이곳에서 건네는 형식을 갖추도록 하라고, 그렇게 말해 보냈다. 그러자 또, 이들 [3인이] 말을 전해온 것은, 도선주에게 [이번의 반한과 요리를] 건네

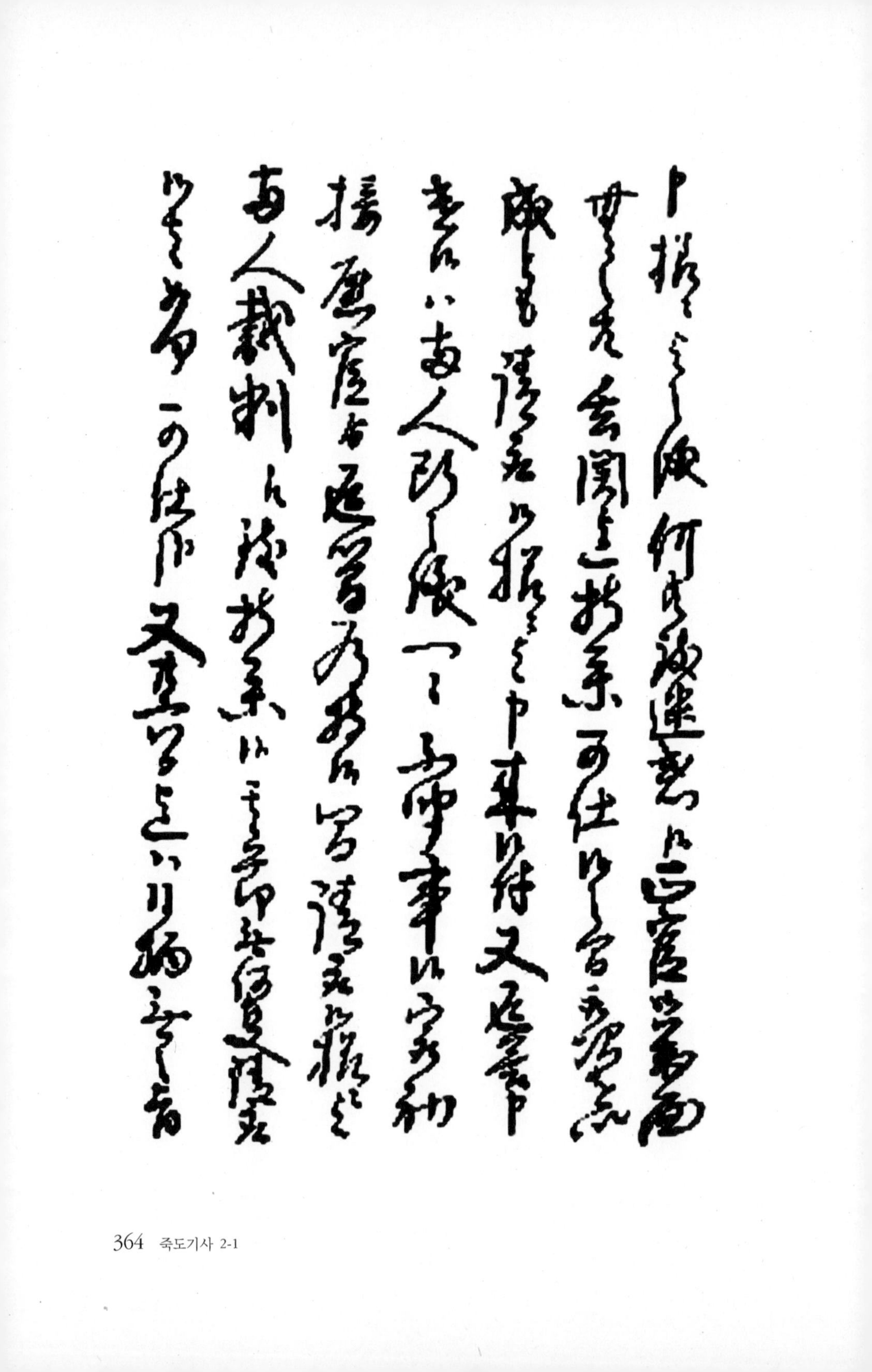

申様ニ与之儀何共致迷惑候正官御対面無之共玄関迄持参可仕候之間取
次を以成とも請取候様ニ与申来候付又返答申遣候ハ両人断之儀一々不
聞事候最初接慰官より返簡為持候間請取候様ニ与両人裁判江致持参候
其節無何事請取候者如何可仕哉又廿六日迄ハ日柄無之旨

ようにとの事であるが、これは何とも迷惑な話である。[我々は接慰
官から正官殿に直にお渡しするよう命じられている。だから]正官殿
に御対面が無く共[正官殿の庁舎の]玄関先までは、これを持参するべ
きと考えている。そこで[正官殿へ]御取次ぎするものとして、お請け
取り下さるようにと、このように申して来た。それに付いて又、こ
ちらも返答を申し遣わした。[今回の返翰を運ぶ先として]両人(朴同
知、朴僉知)は[この都船主方を]断った。だがそのような事を一々聞
くわけにはいかない。最初に接慰官から、この度の返翰の持参を命
じられた時[の事を思い起こしてもらいたい。]両人(朴同知、朴僉知)
は、裁判方へ[返翰を]持参し、請け取るようにと申したではないか。
その折[こちらは]何事も無く[返翰を]請け取った。[格別、正官が直々
に受け取ったわけではない。]そのようであるのに[今回はまた]どう
したことか[正官で無ければならないという。]又、二十六日までは日
柄が無い旨を

도록하라는 것이나, 이것은 참으로 곤란한 이야기이다. [우리들은 접
위관한테, 정관님에게 직접 건네도록 하라고 명받고 있다. 그러므로]
정관님을 대면하지 않더라도 [정관님 청사의] 현관까지는, 이것을 지
참해야 한다고 생각하고 있다. 그곳에서 [정관님에게] 주선하는 것으

로 해서, 수취하여 주시라고, 이렇게 말해왔다. 그것에 대해 또, 이쪽도 답을 말해보냈다. [이번의 반한을 전하는 곳으로] 양인(박동지, 박첨지)은 [이 도선주 쪽을] 거절했다. 그러나 그러한 일을 하나하나 들을 수는 없다. 최초에 접위관이, 이번 반한의 지참을 명받을 때[의 일을 상기해주었으면 한다.] 양인(박동지, 박첨지)은 재판 쪽에 [반한을] 지참하여, 수취하도록 하라고 말하지 않았던가. 그때 [이쪽은] 아무런 일 없이 [반한을] 수취했다. [각별히, 정관이 직접 수취했던 것도 아니다.] 그런데 [이번은 또] 어찌된 일인지 [정관이 아니면 안 된다고 한다.] 또 26일까지는 날짜가 없다는 뜻을

呉正^江返答申遣候処其時分迄接慰官被相待可申哉無心元存候旨呉正申
候付唯今之仕掛ニ候ヘハ接慰官帰京有之儀も可有之候左候而者余不首
尾千万成事故今日ニ与日限相定候其上返簡請取渡ニハ作法有之事候引
判事も不下例無キ仕形ニ而

呉正へ返答を申し遣していたが、そうなると、その時分まで接慰官
が帰京を待てるかどうか、この事を心元無く思う旨、呉正が申して
来たので、結局、唯今[本日]という段取りになった。接慰官が[突然]
帰京なさることも有ると、そのように[呉正が]言うので、そのように
成っては、余程の不首尾千万と成ってしまうため[こちらの主張を取
り下げ、結局]今日という日取りが決定した。その上、返翰の請け渡
しには作法が有る事であるが、手引きする特任判事も下されぬよう
な前例の無い仕形で[こうしてお渡しになるとは、果たしてどうした
ことであろうか。]

오정에게 답을 말하여 보냈으나, 그렇게 되면, 그때까지는 접위관이
귀경을 기달려 줄지 어떨지, 이 일을 걱정한다는 뜻을, 오정이 전해왔
기 때문에, 결국, 바로 지금 [오늘]이라는 날로 정했다. 접위관이 [돌
연] 귀경하는 일도 있을 수 있다고, 그렇게 [오정이] 말하기 때문에,
그렇게 되어서는, 참으로 상황이 나쁘게 되고 말기 때문에 [이쪽의
주장을 취하하여, 결국] 오늘이라는 날로 결정했다. 그 위에, 반한의
수취에 따른 절차가 있는데, 안내하는 특임판사도 내려오지 않는 것
과 같은 전례가 없는 형태로 [이렇게 해서 전달한다는 것은, 과연 어
찌된 일일까.]

心能お手前可請取哉弥都船主^江相渡シ可申旨申遣候処判事共も尤存候
手前より之仕方悪敷御座候へハ此上兎角可申様無御座由^ニ而裁判都船
主^江相渡シ常之通彼方より膳部出し相済而裁判都船主返簡持参候而請
取之

心よく[正官が]お手前たちから[返翰を]請け取る筈は無かろう。[この
ように言って]いよいよ都船主へ渡すべき旨を申し遣わした。すると
判事共も尤に思ったようで、手前どもからの伝達の仕方が悪いので
[正官殿へお渡しすることは遠慮致します。]この上、兎や角は申しま
せん。裁判、都船主の方々へ、お渡し致しますと言い、常の通り
に、あちらから膳部を[運び入れ、儀式を始め]出した。[こうして儀
礼は恙なく]相済んでしまった。裁判と都船主が返翰を請け取り[それ
を正官方まで]持参した。これを[正官は]請け取った。

기분좋게 [정관이] 당신들한테 [반한을] 수취할 리 없을 것이다. [이렇
게 말하여] 결국 도선주에게 건네야 하는 취지를 말해주었다. 그러자
판사들도 당연하다고 생각한 듯이, 자신들의 전달 방법이 나쁘기 때
문에 [정관님에게 건네는 것은 삼가겠습니다.] 이후로는, 이것저것 말
하지 않겠습니다. 재판, 도선주 분들에게, 건네겠습니다라고 말하고,
평상시대로, 저쪽에서 젠부(음식)를 [옮겨, 의식을 시작]했다. [이렇게
하여 의례는 탈 없이] 끝났다. 재판과 도선주가 반한을 수취하여 [그
것을 정관 쪽까지] 지참했다. 이것을 [정관이] 수취했다.

〃同時朴同知朴僉知接慰官より被申含候之由ニ而裁判八右衛門都船
　主柳左衛門江申達候ハ馳走之儀度々申入候得共無御承引候都ニ而
　堅被申渡候儀ニ候ヘハ不申叶候而者接慰官不首尾ニ而殊外迷惑難
　儀成事ニ候如何様ニ有之而も受用候様裁判頼入候間被申叶被下候
　ヘと接慰官被申候趣両判事申候付返答申遣候ハ心入御座候而御断
　申候儀者

〃[この返翰の授受と]同時に、朴同知と朴僉知とが、接慰官から申
　し含められたと言って、裁判の八右衛門と都船主の柳左衛門へ伝
　えて来た事がある。それは馳走の事で[彼等が言うには、以前か
　ら]度々申し入れていた事でございますが[結局、正官殿からは受
　け取る事への]御承引が有りませんでした。都を出る時から、こ
　れは堅く申し渡されていたことであり[何としても]受けて頂かな
　くてはなりません。[受けぬままでは]接慰官の不首尾と判断され
　ます。それゆえ殊の外[接慰官は]迷惑し難儀に思っております。
　どのようで有っても、これを御受け下さるよう、裁判方に頼み込
　み、申し入れが叶うよう[御配慮を]お願いしたいと、このように
　接慰官は申しておりました。このような趣旨を両判事が申して来
　たので[正官からの]返答を申し遣わした。すなわち思う所があ
　り、御断りを致したのである。

〃[이 반한의 수수와] 동시에 박동지와 박첨지가, 접위관이 하신 말
　씀이라며, 재판 하치에몬과 도선주 야나기자에몬에 전해온 것이
　있다. 그것은 치주의 일로 [그들이 말하기를, 이전부터] 자주 요구

하고 있었던 일입니다만 [결국, 정관이 수취하는 일을] 승인하는 일이 없었습니다. 도성을 떠날 때부터, 이것은 엄히 명받았던 일로 [어떻게든] 받아주지 않으면 안 됩니다. [받지 않으면] 접위관의 잘못으로 판단됩니다. 그렇기 때문에 의외로 [접위관은] 난처하게 생각하고 있습니다. 어떠한 일이 있다해도, 이것을 받아주시라고, 재판 쪽에 부탁하여, 뜻이 이루어질 수 있도록 [배려해 줄 것을] 부탁한다고, 이렇게 접위관은 말하고 계셨습니다. 이와 같은 취지를 양 판사가 말했기 때문에 [정관의] 답을 말하여 보냈다. 즉 생각하는 것이 있어, 거절했다는 것이다.

去年当年参判之使者度々渡海纏なからも朝鮮之御費与申其上此後何
茂使者可被差渡も不知事二候へハ御馳走を満足二存数度渡海候様下々
も存候而者背本意事故達而御断申候然処接慰官御難儀被成候段を承
夫を構不申候与申儀不儀二存候付接慰官任仰御馳走受用可仕旨裁判都
船主を以両判事^江申渡ス

去年のことであるが[その時]当年は参判の使者が度々渡海し、いささ
かながら朝鮮の御費用が[嵩むと、朝鮮の人たちは苦慮しつつ]話して
いた。その上、この後どれくらい使者が差し渡されるのか予想も付
かず[費用のことが心配であるといっていた。一方、対馬からの使者
は]その御馳走を満足に思い[あからさまに利を求め、敢えて]数度の
渡海を行うような輩や、その者たちに付き従う」下々の者たちもい
た。[そのような露骨な利を求める行為は、使者としての拙者の]本意
に背く事であり[今回]たって御断りを申した。そのような事であった
が、接慰官が御難儀に成られていることを承った。その御難儀を構
わぬまま放置するような事は信義に欠けると思うので、接慰官の仰
せの通り、御馳走を受用する事にする。そのような趣旨の事を、裁
判と都船主から両判事へ申し渡した。

작년의 일입니다만 [그때에] 당년은 참판의 사자가 자주 도해하여, 작
지만 조선의 비용이 [겹쳐, 조선인들이 어려워하고 있다고] 이야기하
고 있었다. 그 위에 이후로도 얼마나 사자가 건너올지 알 수 없어 [비
용이 걱정이라고 말했다. 한편 쓰시마의 사자는] 그 어치주를 만족하
게 생각하고 [노골적으로 이익을 찾아, 일부러] 여러 차례 도해하는

자들이나 [그들을 따르는] 아랫것들도 있었다. [그렇게 노골적으로 이
익을 추구하는 행위는, 사자인 졸자의] 본의에 어긋나는 일이라 [금
회]에는 굳이 사절을 말했다. 그러한 일이었는데, 접위관이 어려움을
겪고 있다는 이야기를 들었다. 그 어려움을 상관하지 않고 방치하는
것과 같은 일은 신의를 어기는 일이라고 생각하여, 접위관이 말씀하
시는 대로, 어치주를 수용하기로 한다. 그와 같은 취지를 재판과 도선
주가 양 판사에게 전했다.

(24-15)

〃阿比留惣兵衛帰国申付与左衛門方より九月廿日之書状を以御国
年寄中平田隼人樋口左衛門田嶋十郎兵衛方〔江〕申達候略左記之

(24-15)

〃阿比留惣兵衛に帰国が申し付けられた。与左衛門方からの九月
二十日付の書状を持参し[阿比留は帰国した。]御国年寄中の平田
隼人、樋口左衛門、田嶋十郎兵衛方へ[罷り越し、この与左衛門
の意見書を]申し伝えた。その略を左に記す。

(24-15)

〃아비루 소우베에에게 귀국을 명했다. 요자에몬이 보낸 9월 20일
부의 서장을 지참한 [아비루가 귀국했다.] 쓰시마의 토시요리 히
라타 하야토, 히구치 자에몬, 타지마 쥬우로우베에 쪽을 [찾아가,
이 요자에몬의 의견서를] 말하여 전했다. 그 개략을 아래에 기록
한다.

〃頃日以飛船申上候様返簡到来仕封之侭判事共持参候而為披見差
越候由接慰官より申来候付例も無之被致方不及覚悟旨段々申掛
候儀者先書ニ申上候通御座候兎角不致面談候而者不埒明事候間急
度不時之接待可仕由申掛候処都より差図無御座候へハ不罷成国
法之由申切其上急度致帰京候様ニ申来候得共都之差図

〃先頃、飛船を以て申し上げた様に[朝廷から、この度]返翰が到来
し、封のままに判事共が持参した。それを披見するよう差し出
してきた。そのような事が接慰官から申し遣わされて来たので
ある。例も無いような[封のままという]致され方で、思いも寄ら
ぬ事であると、このように[接慰官へ]色々と申し掛けた。この事
は先の書付にも記し[御国年寄中に]申し上げた通りである。兎も
角も[直接、接慰官に]面談し[事の子細]を聞き出さねば埒の明か
ぬ事である。そこで急遽、臨時の会談を行いたいと申し掛けた
のであるが[そのような面談は]都から差図が無くては罷り成らぬ
と接慰官はいう。それは国法であるからとの理由で断られてし
まった。その上、急遽、帰京することになったとも伝えて来
た。[接慰官は、さらに次のようにも言う。すなわち]この都の差
図に

〃지난번에 비선으로 알려 드렸듯이 [조정에서, 이번에] 서한이 도
래하여, 봉한 것을 판사들이 지참했다. 그것을 보라고 내놓았다.
그와 같은 일을 접위관이 전해온 것이다. 전례가 없을 정도로
[봉한 것을] 전해주는 것으로, 생각도 못한 일이라고, 그렇게 [접

위관에게] 여러 가지로 항의했다. 이 일은 앞의 서부에도 기록하여 [본국의 원로들에게] 말씀드린 대로이다. 어쨌든 [직접, 접위관을] 면담하여 [일의 내용을] 듣지 않으면 영문을 알 수 없는 일이다. 그래서 급거 임시회담을 하자고 요구했던 것인데, [그러한 회담은] 도성의 지시가 없으면 할 수 없다고, 접위관이 말했다. 그것이 국법이라며 거절하고 말았다. 그 위에 급거 귀경하게 되었다고 전해 왔다. [그러며 접위관은 다음처럼 말한다. 즉 도성의 지시를]

背申儀不罷成此上者如何様之儀被仰聞候而も注進道絶申候左候而者
東莱[江]罷在候而も弥何之益も無御座候付近々発足之覚悟二相極候然共
被仰聞度儀御座候由被仰下候其趣不承候而引取申儀如何存候口上二而
者申落も御座候間思召寄御口上書被成被下候ハヽ、存分之通

背く事は出来ない。この上は、どのような事を[正官が]希望しても、
それを[朝廷に]注進するような道は、もう絶えてしまった。そうであ
るので、もはや東莱に居ても、どこに居ても、何の役にも立たな
い。それゆえ近々[東莱を]出発し[帰京するという]決意をした。しか
しながら[正官殿が]お話しなさりたい事があるというので、その御趣
旨を承らなくて[都へ]引き上げる事もどうかと思い[こうして返答を
申し上げた。だが改めての会談は、先にも述べた通り、できないこ
とである。]そこで[間に立つ訳官たちの]口上によって[用件を伝え合
う事になるが、それでは用件の]申し落しも有り得る。それゆえ、お
考えの通りを御口上書にして[書状で、この接慰官まで]御渡し下され
ば[こちらは]思う通りを

어기는 일은 할 수 없다 한다. 이러한 이상, 어떠한 일을 [정관이] 희
망한다 해도, 그것을 [조정에] 주진할 수 있는 길은, 이미 끊어지고 말
았다. 그렇기 때문에, 더 이상 동래에 있는다 해도, 어디에 간다 해도,
할 일이 아무것도 없다. 그렇기 때문에 가까운 시일에 [동래를] 출발
하여 [귀경한다고 하는] 결의를 했다. 그러나 [정관님이] 이야기하고
싶은 것이 있다고 말하기 때문에, 그 취지를 듣지 않고 [도성으로] 철
거하는 것은 좋지 않다고 생각하여 [이렇게 반답을 드렸다. 그러나

새로운 회담은 앞에서 말씀드린 대로, 할 수 없는 일이다.] 그래서 [중간역할을 하는 역관들의] 구상으로 [용건을 전하게 되었는데, 그것으로는 용건이] 빠지는 일이 있을 수도 있다. 그래서 생각하는 것을 구상서로 해서 [서장으로, 접위관에게] 건네주시면 [이쪽이] 생각하는 것을

委細御返答申帰京仕迄ニ候由申来候付其上ニ茂何角申断候者引取候儀
決定仕候故接慰官引取候跡ニ者何を被仰懸候而も曾而構不申打捨置申
儀者目前之儀ニ御座候然上者御用之儀不埒千万無十方事ニ罷成彼方よ
り者善悪返答

委細に御返答する。その上で帰京すると、このように申し伝えて来
た。ならばと[こちらの考える処、要望する処を、あちらに書き送っ
た。だが]そのようにしても[やはり同じことで]何かと[理由を付け、
結局すべて]断ってきた。[交渉は終了であるとする宣言のようなもの
であった。都へ]引き揚げることが決定したからであろう。接慰官が
引き取った後では[もう]何を申し入れても、すべて構わず打ち捨てら
れてしまう。今そうなる目前である。そのようになっては[この交渉
は完全な打ち切りである。公儀からの]御用を[結局は、果たす事がで
きなかった。この上は]不埒千万と[公儀のお歴々から指弾され、その
後は]とほうも無い事に成ってしまう。そして朝鮮からは、もう善い
悪いの返答を

자세히 반답하겠다. 그런 후에 상경한다고, 이렇게 말로 전해왔다. 그
렇다면 이라고 생각하고 [이쪽이 생각하는 것을, 요망하는 것을, 저쪽
에 써서 보냈다. 그러나] 그렇게 했어도 [역시 같은 일로] 무엇인가
[이유를 붙여, 결국은 모두] 거절했다. [교섭은 종료라고 하는 선언과
같은 것이었다. 도성으로] 철거한다는 것이 결정되었기 때문일 것이
다. 접위관이 철거한 후에는 [아무리] 무엇을 요구한다 해도, 모든것
을 가리지 않고 거절해 버린다. 지금 그러한 상황이다. 그렇게 된 이

상 [이 교섭은 완전히 끝났다. 장군님의] 지시를 [결국은 수행할 수 없었다. 이렇게 된 이상은] 일을 잘못 처리했다고 [장군님의 큰 규탄 받아, 그 후에는] 어떻게 할 수가 없는 일이 되고 만다. 그리고 조선한 테서는, 이미 좋고 나쁘다는 답을

承道も切レ申候私帰国仕候而被仰掛儀も御座候ハ、又御使者被差渡
候時者定而返答可有之哉与存候其元よりも被入御念　為被仰下儀ニ御
座候ヘハ左様無御座候共下書をも差渡し可奉伺与存候処爰元急成勢ニ
差詰不申候ヘハ接慰官為引申候而者

承る道[意見交換の外交関係までも、これで一切が]打ち切りとなって
しまう。[今後のことを考えれば]ここで拙者が帰国を仕り[改めて新
たな]御指示を受ける事ができれば、又は[新たな方針による]御使者
が[こちらへ改めて]差し渡される時には、きっと[遅延している公儀
への]返答ができるようになる。そちらでも御念を入れられ[明確な方
針決定が、この際]下されるよう、事を進めていただきたい。そうで
無くとも[こちらからこの度の返翰の]下書きを[本国へ]差し渡し[改め
て御方針について、今一度]お伺いするつもりであった。だがこちら
では、もう急がなければ成らない勢いになってしまった。差し詰め
て申し上げると、接慰官が[京へ]引き上げてしまっては

받을 길, [의견을 교환하는 외교관계까지도, 이것으로 모두] 끊어지고
만다. [금후의 일을 생각하면] 여기서 졸자가 귀국하여 [다시 새롭게]
지시를 받을 수 있다면, 또는 [새로운 방침에 따라] 사자를 [다시 이
쪽에] 보낼 때는, 반드시 [지연되고 있는 장군에 대한] 반답을 할 수
있을 것이다. 그쪽에서도 생각을 하시고 [명확한 방침의 결정이, 이번
기회에] 내려지도록, 일을 추진하고 싶다. 그렇지 않아도 [이쪽에서
이번 반한의] 초안을 [본국에] 보내어 [다시 방침에 대해, 다시 한 번]
물을 생각이었다. 그러나 이쪽에서는, 이미 서둘지 않으면 안 되는 형

세가 되고 말았다. 간추려 말씀드리자면, 접위관이 [도성으로] 철거해 버리면, 이미 이번 일의 용건은 어떻게 할 수 없는 형국이 되고 만다. 그렇게 되면 큰 일이기 때문에,

大事之御用無寄所体゠罷成候段至而大切゠存帰国不仕候得者不相済事゠
存詰申候就夫接慰官江不時之接待之儀申掛候も何そ是を不申叶候而者
不罷成与申儀茂御座候ハ丶急度東莱迄も罷越可申達儀御座候得共私
了簡゠而此御返簡゠而者

もう大事の御用は、どうしようも無い形に成ってしまう。そうなっ
ては大変なので、帰国して[改めて御方針を]お伺いしなければ相済ま
ぬ事と思い[つつ、それが叶わぬので、こうして書状を以て]詰めてお
話しを致した。それに就いて[今少し追加して申し述べれば]接慰官に
対し、臨時の会談の事を[是非にと]申し掛けた。だが[それは、でき
ない事だと、やはり、あちらは言う。]何と言っても、これを申さね
ば叶わぬ事、罷り成らぬ事と言う事もあるので、しっかりと東莱府
までも罷り越し[その旨を]申し伝えようとも考えた。だが拙者だけの
考えで[東莱府へ罷り越しても、それは朝鮮の国禁となる闌出(制限区
域を越えての不法な外出)となり、その後、色々と差し障りが生じて
くる。しかし、そうかと言って]この御返翰を

이미 중요한 용건은 어떻게 할 수가 없는 형국이 되고 만다. 그렇게
되면 큰일이기 때문에, 귀국하여 [다시 방침을] 묻지 않으면 안 된다
고 생각하[면서, 그것이 이루어지지 않기 때문에, 이렇게 서장으로]
간추려 이야기 했다. 그것에 대해 [지금 약간 추가하여 말씀드리자면]
접위관에 대해, 임시회담의 일을 [꼭 하자고] 요구했다. 그러나 [그것
은 할 수 없는 일이라고, 역시, 저쪽은 말한다.] 아무래도, 이것을 말
씀 드리지 않으면 안되는 일, 꼭 말씀 드려야 하는 일이기 때문에, 분

명히 동래부까지 찾아가 [그 뜻을] 전달하려고 생각했다. 그러나 졸자만의 생각으로 [동래부에 넘어간다 해도, 그것은 조선의 국금에 해당하는 난출(제한구역을 벗어나는 불법의 외출)이 되어, 그 후에, 여러 가지 지장이 생기게 된다. 그러나 그렇다 해서] 이 반한을

請取間敷共難申又接慰官被相待候へと引止候とて被待候首尾も無御
座唯大事ニ成候儀を論談仕より外無御座候得者東莱入り抔仕候而者弥
彼方合点不仕儀ニ候故存寄口上書ニ仕遣シ申候則返簡之写并私申遣シ
候和文草案接慰官返答

請け取ることも出来かね[再度の修正をと]そのように申し入れること
も[今の段階では、もう]難しい。又、接慰官に[今しばらく帰京せ
ず、東莱府にて]お待ち下さいと、引き止めて見ても、待ってくれる
ような首尾は無い。唯これは大事に至るという事を論談するより外
に[拙者の取るべき手段は、もはや]無い。東莱府に直接、入るなどし
ては[国禁のことでもあり]いよいよ、あちらの合点が行かなくなる。
[強硬な手段を採れば、あちらはさらに態度を硬化させ、いよいよ紛
糾は必至である。]そこで結局、思っていることを口上書にしたた
め、それを[あちらに]申し遣わすことにした。[その結果は先述した
通りである。]ここに返翰の写し、ならびに拙者が申し遣わした和文
の草案[またそれに対する]接慰官の返答

청취하는 일도 어려워 [다시 수정해야 한다고] 그렇게 요구하는 일도
[지금 단계로는, 아주] 어렵다. 또, 접위관에게 [지금 잠시동안 귀경하
지 말고, 동래부에서] 기다려 달라며, 만류해 보아도, 기다려 줄 것 같
지 않다. 그저 이 일은 큰일이 된다고 하는 것을 논담하는 것 외에 [졸
자가 취할 다른 수단이] 없다. 동래부에 직접 들어가거나 하는 일은
[국금의 일이기도 해서] 더욱, 저쪽이 이해하지 못하게 된다. [강경한
수단을 취하면, 저쪽은 더 태도를 굳게하여, 결국은 분규에 이르게 된

다.] 그래서 결국 생각하고 있는 것을 구상서로 적어서, 그것을 [저쪽
에] 전달하기로 했다. [그 결과는 선술한 대로이다.] 여기에 반한을 베
끼고, 졸자가 요구한 화문의 초안을, [또 그것에 대한] 접위관의 반답

書共〓差上申候右之通〓御座候故請取近日中帰国之筈〓相定候先達而
具聞召上させられ候今度阿比留惣兵衛儀帰国申付候　御隠居様御前可
然様被仰上可被下候委曲惣兵衛〓申含候

書を、共に差し上げ[一連の事情についての報告を]申し上げる。右の
通りであるので[この度の返翰を]請け取り[一旦本国に持ち帰り、そ
の内容について御検討の上で、改めて御指示をいただきたい。]近日
中に[拙者は]帰国の手筈を定める。先だって[の報告については]具に
お聞き届けを頂いた。[感謝を申し述べる。]今度、阿比留惣兵衛に帰
国を申し付けたので、御隠居様の御前に、この事をよろしく御報告
下されたい。委曲は惣兵衛に申し含めた。

서를 같이 바쳐 [일련의 사정에 대한 보고를] 올린다. 위와 같기 때문
에 [이번의 반한을] 청취해서 [일단 본국에 가지고 돌아가, 그 내용에
대해 검토한 후에, 다시 지시를 받고 싶다.] 근일 중에 [졸자는] 귀국
할 것을 정하겠다. 그것에 앞서 한 [보고에 대해서는] 자세한 승낙서
를 받았다. [감사하다는 말을 드린다.] 이번에, 아비루 소우베에에게
귀국할 것을 명했으니, 은거하신 분에게, 이 일을 잘 보고해주었으면
한다. 자세한 것은 소우베에에게 말해 두었다.

(24-16)

〃与左衛門方より九月廿五日之日付を以御国年寄中〓申遣候書状之
略左二記

(24-16)

〃与左衛門方から九月二十五日の日付を以て、御国の年寄中へ申
し遣した書状の略を、左に記す。

(24-16)

〃요자에몬 쪽에서 9월 25일부로, 본국의 토시요리들에게 보고하
여 보낸 서장의 개략을 아래에 기록한다.

移陵去云百及當復須君衰之出航
住宮□以廬丘壽佩之之達為一項此圖
熱□□□便二中云

〃私儀去廿二日返簡請取近日爰元出船仕筈ニ御座候委細者先達而阿
　比留惣兵衛便ニ申進候

〃拙者は、先日の二十二日に返簡を請け取った。近日中に、この
　地を出船する予定である。委細は、先だって阿比留惣兵衛に託
　した報告書に載せ、既に書き送っている。

〃졸자는 지난 22일에 서간을 청취했다. 근일 중에 이곳을 출범할
　예정이다. 자세한 것은 우선 아비루 소우베에에게 보내는 보고
　서에 기재하여, 이미 기록하여 보냈다.

註1、　訳官の矛盾

　間に立つ訳官の言である。ことを円滑に運ぼうとして、結構にし
たためられていると語っている。実際は、対馬にとって酷い内容で
あるが、そのようには語ってはいない。日常においても、このよう
なしたたかな伝達を、彼らは行っていた筈である。

　역관의 모순

　중간에 선 역관의 말이다. 일을 원활하게 진행시키려고, 좋게 기록
되어 있다고 말하고 있다. 실제로는 쓰시마에게는 아주 좋지 않은 내
용이나, 그렇게 이야기하지 않았다. 보통 때도 이와 같은 전달을 하고
있었을 것이다.

註2、都からの指示

　朝鮮側は第一次交渉の時と比べ、この第二次交渉においては、も
はや修正を許さないという強硬姿勢に転じている。対馬が日本側の
原理主義に立ち、その強固な姿勢を崩さなければ、朝鮮の側も、朝
鮮側の原理に基づき、やはり自らの主張を貫いてくる。それは当然
のことである。妥協の産物であった第一次返翰が、兪集一によって
回収できたからには、もう新たな方針が打ち出せる。その結果、こ
の開封を許さぬ強い姿勢に置き換わった。対馬の側は、以前の返翰
を、すでに手放してしまった。それゆえその返翰を楯に、もはや踏
ん張ることはできなかった。

도성의 지시

조선 측은 제1차 교섭 시에 비해, 제2차 교섭 시에는 조금도 수정을 허가하지 않겠다는 강경자세로 전환되어 있다. 쓰시마가 일본 측의 원리주의를 내세우며 강경책을 고수하자, 조선 측도 조선 측의 원리에 의거하여, 역시 자신들의 주장을 관철하려 한다. 이것은 당연한 일이다. 타협의 산물이었던 제1차 서한을, 유집일이 회수한 후부터는, 새로운 방침을 내세운다. 그 결과, 개봉을 허가하지 않는 강한 자세를 취했다. 쓰시마 측은 이전의 서한을 이미 돌려주고 말았다. 그렇기 때문에 그 반한을 근거로 더 이상 버틸 수가 없었다.

註3、正本を下し置くよう申し掛けた

もう下書きの必要は無い、正本を下し置くようにと、多田は兪集一に申し掛けていた。その結果、下書きは無く、直ちに正本の到来があった。但し、正本なるがゆえ、もはや修正はならない。たとえ正本であっても、いくらでも修正に応じると、そのように語った接慰官の言葉に、素直に乗ってしまった多田の失敗である。

정본의 요구

더 이상 초고는 필요 없으니, 정본을 내려주어야 한다고, 타다는 유집일에게 요구했다. 그 결과, 초고 없이 바로 정본이 도래했다. 단 정본이기 때문에, 이미 수정할 수 없다. 가령 정본이라해도, 얼마든지 수정에 응하겠다라고 말한 접위관의 말을 솔직하게 믿어버린 타다의 실패였다.

註4、朝鮮の国風なのであろうか

　朝鮮の国風ではなく、厳しい外交交渉の現実が、ここにある。そのことに多田は、この時点で、ようやく気付いた。

조선국풍

　조선의 국풍이 아니라, 엄한 외교교섭의 현실이, 여기에도 있다. 그러한 일을 타다는, 이 시점에서 겨우 알게 되었다.

註5、そちらの方の御返書の罷り下り

　この度の第二次交渉の始まりを告げる文書、多田が持ち渡った対馬からの書簡に対し、朝鮮からの返翰を、ここで多田は要求した。持ち渡った書簡に対し、それに対応した返礼の書翰が下されなければならない。それは当然の事である。多田は、この外交交渉において、まともな話をした。この返翰を多田は是非貰わなければならない。朝鮮側が、この新たな返翰を下すからには、この問題に触れない訳にはいかない。それゆえ文言の加筆が行われるという形になる。多田は、反撃に出ていた。修正は罷り成らぬとする問答無用の朝鮮側の方針を、これで突き崩すことができるかもしれないと。

반서의 도래

　이번 제2차 교섭의 시작을 알리는 문서, 타다가 가지고 건너온 쓰시마의 서간에 대해, 조선의 반한을 타다가 요구하고 있다. 가지고 건너온 서간에 대해, 그것에 대응하는 서간이 내려오지 않으면 안 된다. 그것은 당연한 일이다. 타다는 외교교섭에 있어서 당연한 이야기를 했다. 이 반한을 타다는 받지 않으면 안 된다. 조선 측이 새로운 반한을 내려주게 된다면, 이 문제에 언급하지 않을 수 없다. 그렇기 때문에 문언을 가필하는 형태가 된다. 타다가 반격한 것이다. 수정은 안 된다고 하는 조선 측의 방침을 이렇게 해서 무너뜨릴 수 있을지도 모른다고 생각한 것이다.

註6、亡国の時節の到来

多田は島の争論で、戦乱に発展すると考えている。それを何としても回避しようと、その動機によって動いている。一方、朝鮮側は戦乱になる可能性は皆無ではないものの、まだそこまでの事態に至るとは考えていない。この認識の相違が、立場の違いを作っていた。多田は戦乱を回避しようと、何としても接慰官と語り合うため、面談を果たそうとする。一方、兪集一の方は、正官を騙した形になっているため、その会談を避けたかった。また両国関係が決定的に悪化したわけでもないと、そのように踏んでいる。それゆえ、ここでの会談は必要ないと考えていた。

망국

타다는 섬의 쟁론이, 전란으로 발전한다고 생각하고 있다. 그것을 어떻게든 회피하려고, 그런 동기를 가지고 행동하고 있다. 한 편 조선 측은 전란이 일어날 가능성이 전무한 것은 아나, 그런 상황까지 이르리라고는 생각하지 않는다. 그 인식의 상위가 입장의 차이를 만들었다. 타다는 전란을 회피하려고, 어떻게든 접위관과 이야기하기 위해, 면담하려고 한다. 한편 유집일 쪽은 정관을 속인 꼴이 되었기 때

문에, 그 회담을 피하고 싶었다. 또 양국관계가 결정적으로 악화된 것
도 아니라고 생각하고 있다. 그렇기 때문에 더 이상의 회담은 필요없
다고 생각했다.

註7、封を切り

朝鮮側は書翰の書き換えを拒否し、封のままの返翰を下してき
た。封のままを、そのまま東武へ差し出すようにとの意図である。
だが間に立つ対馬が内容も知らぬまま、その返翰を、そのまま東武
に差し出す筈がない。必ず内容を確認しようとする。その際、対馬
の側に、この封を切らせなければならない。封を切るという事は、
封を受け取ったことの証となるからである。だから、ここは何とし
ても、この返翰を受け取らせた形にしたい。それゆえ、しきりに対
馬に対し、封を切らせようとする。日本側の目の前で、両訳官が封
を切ってもよいとまでいう。目の前で開封し、その内容を呈示する
ことで、本書内容を正式に伝えたという形にしたかった。これは外
交的な駆け引きである。

개봉

조선 측은 서한의 개찬을 거부하고, 봉한 채로 서한을 내려보냈다.
봉한 것을, 그대로 동무에 바치라는 의도였다. 그러나 중간에 선 쓰시
마가 내용도 알지못한 채, 그 서한을 그대로 동무에 바칠 리 없다. 반
드시 내용을 확인하려고 한다. 그때, 쓰시마 측에게, 이 봉을 뜯게 하
지 않으면 안 된다. 봉을 뜯는다고 하는 것은 봉을 받았다는 증거가
되기 때문이다. 그러므로 여기서는, 어떻게든 반한을 받은 형태로 하

고 싶은 것이다. 그렇기 때문에, 여러 번 쓰시마에, 봉을 뜯게 하려고 한다. 일본 측의 목전에서, 양 역관이 봉을 뜯어도 좋다고까지 말한다. 목전에서 개봉하여, 그 내용을 정시하는 일로, 본서의 내용을 정식으로 전한 것으로 하고 싶었다. 이것은 외교적인 외교술이다.

註8、これを読ませて見た

　朝鮮側の策謀に引っかかり、和館の役人たちは封を切ってしまった。そして本書の内容を、和館の中で、阿比留惣兵衛に読ませてしまった。これで下書きの差し下しは無くなってしまった。本書を受け取ってしまっては、もはや下書きについての交渉はできない。また封を切るにしても、朝鮮側の東莱府において封を切らせ、その内容を書写させ、本書ではなく、その書写させたものを、先ずは和館に持参させるべきであった。だがそのような手順を取ることなく、一気呵成に封を切ってしまった。

읽히다

　조선 측의 책모에 걸려, 화관의 역인들은 봉을 뜯고 말았다. 그리고 본서의 내용을, 화관 내의 아비루 소우베에게 읽게 하고 말았다. 이것으로 초벌을 내려보내는 일은 없게 되고 말았다. 본서를 수취하고 말면, 다시 초안에 대한 교섭은 할 수 없게 된다. 또 봉을 뜯는다 해도, 조선 측의 동래부에게 봉을 뜯게 하여, 그 내용을 복사하게 하여, 본서가 아니라, 그것을 복사한 것을, 우선 화관에 지참시켜야 했다. 그러나 그 같은 순서를 거치는 일 없이, 지체없이 봉을 뜯고 말았다.

註9、腹痛

対馬側が封を切ったことで、次の手が打てなくなってしまった。すなわち受け取ってしまった形になったからである。本来なら、ここで封を切らず、なお下書きの要求をし続けるのが本来の方針である。下書きによって検討するのが、慣例であるからである。だが封を切ってしまっては、本書を受け取ってしまった形になる。それゆえ多田与左衛門は、この事を聞き、突然の腹痛で本書を見なかった形を取った。これは明らかに詐病である。見てはいないということで、次の対策の時間稼ぎを行った。だが、この本書を受け取ったことで、多田の思惑から外れ、事態は勝手に動いていく。

복통

쓰시마 측이 개봉한 것으로, 다음에 취할 방법이 없어져 버렸다. 즉 수취한 형태가 된 것이다. 본래라면, 여기서 개봉하지 않고, 다시 초안을 요구하는 것이 본래의 방침이었다. 초안에 의거하여 검토하는 것이 관례였기 때문이다. 그러나 개봉하면 본서를 받은 것이 된다. 그렇기 때문에 타다 요자에몬은 이것을 듣고, 갑자스런 복통으로 본서를 보지 않은 형식을 취했다. 이것은 분명한 꾀병이다. 보지 않았다는 것으로, 다음에 대책을 세울 수 있는 시간을 번 것이다. 그러나, 본서를 수취한 것으로, 타다의 곤혹과는 달리, 사태는 멋대로 움직여 간다.

註10、武士の外交

正しく接慰官に申し伝えて欲しいと、そのように思い、四人を集めて申し渡した。だが外交交渉においては、正しく伝えたと思っても、それがそのまま伝わっていくわけではない。受け取る側が、意図的に曲げて聞くこともあるからである。違った受け取り方をされては、話し合っての合意も、簡単に覆されてしまう。二人ではなく四人に伝えたから安心と言うわけのものでもない。多田は外交交渉の何たるかが、まだ分かってはいない。これは武器を用いない戦闘である。様々な駆け引きがあり、欺瞞も虚偽も買収も、また落とし穴さえも用意される、何でも有りの世界なのである。多田は「もののふ」であり、外交を担うには、あまりに純真に過ぎていた。

무사외교

똑바로 접위관에게 전하고 싶다고, 그렇게 생각하고, 네 사람을 모아놓고 말했다. 그러나 외교교섭에서는, 바르게 전했다고 생각해도, 그것이 그대로 전해질 리 없다. 받는 쪽이 의도적으로 해석해서 듣는 일도 있기 때문이다. 멋대로 듣는 일을 하면, 상의하여 합의한 일도, 간단히 번복되고 만다. 두 사람이 아니라 네 사람에게 전했기 때문에 안심할 수 있다고는 할 수 없다. 타다는 외교교섭이 무엇인가, 아직 알지 못했다. 이것은 무기를 사용하지 않는 전투이다. 많은 책모가 있어, 기만도 허위도 매수도, 또 함정까지도 준비되는, 없는 것이 없는 세계이다. 타다는 「무사」로, 외교를 담당하기에는, 너무 순진했다.

註11、外交術

多田には、何としてもここで会談を行い、申し入れをしなければ叶わぬという思いがある。それは戦争の危機が迫っている。それを何としても回避しなければならぬという思いからである。話し合え

ば合意の糸口が開かれると、そのような思いからである。それに対
し接慰官は、この認識の相違に気付かぬ正官に辟易していたのだろ
う。会いたくはなかった。それゆえ色々と理由をつけては拒否をし
ている。だが意図的な話のすり替えも行っていたから、外交的詐術
に乗ったこの正官に、幾分の同情心を持ったのかもしれない。それ
ゆえ応対は丁寧で優しかった。

외교술

타다는 어떻게든 다시 회담하여, 요구하지 않으면 안 된다고 하는
생각을 했다. 그것은 전쟁의 위험이 다가오고 있다. 그것을 어떻게든
피하지 않으면 안 된다고 생각했기 때문이다. 대화하면 합의할 수 있
는 실마리가 열린다고 생각했을 것이다. 그것에 대해 접위관은, 인식
의 차이를 눈치채지 못하는 정관에게 실증을 느꼈을 것이다. 만나고
싶지 않았다. 그렇기 때문에 이것저것 이유를 붙여 거부했다. 그러나
의도적으로 말을 바꾸고 있었기 때문에, 외교적 사술에 걸린 정관에
게, 어느 정도 동정하는 마음을 가졌을지도 모른다. 그렇기 때문에 대
응은 정중하고 부드러웠다.

註12、接慰官の帰京

兪集一は、見事なまでに、その外交的役割を果たした。もう東莱
に用はない。都に引き揚げる段階に入った。但し相手の多田の思い
を、ここで全く断ち切ってしまうと。切羽詰まった正官は激情に駆
られ、この後、どのような行動に出るか分からない。東莱府に乗り
込み、ここで割腹自殺を遂げるかもしれない。そのようなことが起

これば、それこそ両国関係は破綻である。今少し、その思いを汲ん
でおかなければならない。その配慮が彼等の間で交わされた往復書
簡となる。

　접위관의 귀경

　유집일은 보기 좋게 외교적 역할을 수행했다. 그런 이상 동래에 남
아 있을 필요가 없다. 도성으로 철수할 단계에 이르렀다. 단 상대의
타다에 대한 생각을, 여기서 냉정하게 끊어버리면, 궁지에 몰린 정관
이 격정에 쏠려, 이후 어떤 행동을 취할지 모른다. 동래부에 뛰어들
어, 이곳에서 할복자살을 할지도 모른다. 그와 같은 일이 벌어지면,
그것이야 말로 양국관계는 파탄한다. 지금 약간 배려해주지 않으면
안 된다. 이 배려가, 그들 사이에 교환된 왕복문서이다.

　註13、文章力

　文の国の文官に対し、書簡を書き送る事は、いささか気後れす
る。それゆえ「こちらは文筆の才が拙いため」と卑下の文句から書簡
は始まる。すなわち文の外交において、もはやこの優劣は明らかで
ある。多田の拠り所は、そもそも武の優位であった。その武威を示
すことで、外交交渉において優位に事を推し進めようとした。だが
兪集一は、この外交交渉を巧みに誘導し、武の舞台とすることを避
けた。多田を逆に文の舞台へと引きずり込んだ。書簡の文字の異
動、文章の解釈など、まさに文の世界である。応答の末、ついに優
位に立ったのである。

문장력

문국의 문관에게, 서간을 써서 보내는 일은, 약간 꺼림직하다. 그렇기 때문에 「이쪽은 문필의 재능이 유치하기 때문에」라고, 비하하는 문구로 서간이 시작된다. 즉 문의 외교에서, 이미 그 우열이 분명하다. 타다가 의지하는 것은 원래 무의 우위였다. 그 무위를 보이는 것으로, 외교교섭에서 우위를 차지하여 일을 진행시키려 했다. 그러나 유집일은, 외교교섭을 정교하게 유도하여, 무의 무대를 피하였다. 타다를 거꾸로 문의 무대로 끌러올렸다. 서간문자의 이동, 문자의 해석 등은, 그야말로 문의 세계였다. 응답의 결과, 결국 우위에 선 것이다.

註14、爾(なんじ)と我(われ)

この書簡には、正官使(正官殿)と役職名では語っていない。親しく「爾と我」つまり「君と僕」という呼称を用いて話し掛けている。つまり親しい相手に語り掛けるというスタイルで記述している。正式な真文ではあるが、あくまでも私的書簡であるというアピールである。それゆえ、つい本音が顕れる。爾(なんじ)と記してからの数行は、まさに教師が生徒に教えを垂れるような文言である。書とは何か、規則とは何か、そして両国の交流は今どうであるべきか、それをいよいよ多田に教え諭すのである。この交渉は、もはや勝負にならない段階に入っていた。

너와 나

이 서간에는 정관이(정관님)라고 역직명으로는 이야기하고 있지 않다. 스스로 「당신과 나」 즉 「님과 저」라는 호칭을 사용하며 말을 걸고 있다. 즉 친하게 상대에게 말을 건다고 하는 형식으로 기술하고 있다. 정식 한문이므로, 어디까지나 사적 서간이라고 하는 사실을 강조한 것이다. 그렇기 때문에, 쉽게 진심이 나타난다. 爾(당신)라고 기록하면서부터의 수행은, 그야말로 교사가 생도에게 가르침을 주는 것과 같은 문언이다. 글이란 무엇인가, 규칙이란 무엇인가, 그리고 양국의 교류는 어떻게 되어야 하는가, 그것을 타다에게 가르쳐 일러주고 있다. 이 교섭은 이미 승부가 되지 않는 단계에 이르렀다.

권오엽(權五曄)

忠南大學校 人文大學 명예교수
1945년 全北 井邑 출생

群山高等學校, 서울敎育大學, 國際大學, 北海道大學,
東京大學 學術博士(廣開土王碑文과 東아시아의 天下思想)

일본의 가요, 한일건국신화, 광개토왕비문에 관한 논문 다수

『日本漫想』, 『廣開土王碑文의 世界』, 『隱州視聽合紀』, 『元綠覺書』, 『독도와 안용복』, 『控帳』, 『古事記』(上·中·下), 『好太王碑論爭의 解明』, 『廣開土王碑文의 研究』, 『獨島』, 『獨島와 竹島』, 『古事記와 日本書紀』, 『日本의 獨島論理』, 『일본은 독도를 이렇게 말한다』, 『岡嶋正義古文書』, 『竹島渡海由來記拔書控』(상·하), 『죽도 및 울릉도』, 『竹島紀事』(1-1, 1-2, 1-3)

메일: dongsana@hanmail.net

오오니시 토시테루(大西俊輝)

1946年 島根縣隱岐郡西鄉町(現 隱岐의 島町) 生
島根縣立隱岐高等學校, 大阪大學醫學部, 腦神經外科專門醫, 醫學博士
大阪國學院 通信敎育部 卒業, 神職資格(權正階),
大阪市立大學大學院大學 都市情報部 卒業
現) (醫)厚生醫學會理事長
　　(社福) 厚生博愛會理事長
　　隱岐國 原田向山 大山神社 宮司

『레이저 醫學의 臨床』, 『Illustrated Laser Surgery』, 『山陰沖의 古代史』, 『山陰沖의 幕末維新動亂』, 『人肉食의 精神史』, 『柿本入麻呂와 아들 躬都郞』, 『隱岐는 繪島, 歌島』, 『日本海와 竹島』, 『心의 誕生』, 『水若酢神社』, 『續日本海와 竹島』, 『隱州視聽合紀』, 『元祿覺書』, 『竹島文談』, 『竹島渡海由來記拔書控』, 『竹島紀事』(1-1, 1-2, 1-3)

竹島紀事

죽도기사 2-1

초판인쇄 | 2012년 1월 10일
초판발행 | 2012년 1월 10일

편 역 주 | 권오엽 · 오오니시 토시테루
펴 낸 이 | 채종준
펴 낸 곳 | 한국학술정보㈜
주   소 | 경기도 파주시 문발동 파주출판문화정보산업단지 513-5
전   화 | 031) 908-3181(대표)
팩   스 | 031) 908-3189
홈페이지 | http://ebook.kstudy.com
E-mail | 출판사업부 publish@kstudy.com
등   록 | 제일산-115호(2000. 6. 19)

ISBN   978-89-268-2995-0 94380 (Paper Book)
        978-89-268-2996-7 98380 (e-Book)
        978-89-268-2138-1 94380 (Paper Book Set)
        978-89-268-2139-8 98380 (e-Book Set)